Kelly Carla Perez da Costa

MECÂNICA E TERMODINÂMICA: METODOLOGIAS E PRÁTICAS

intersaberes

Rua Clara Vendramin, 58 . Mossunguê . CEP 81200-170 . Curitiba . PR . Brasil
Fone: (41) 2106-4170
www.intersaberes.com
editora@intersaberes.com

Conselho editorial
Dr. Ivo José Both (presidente)
Dr.ª Elena Godoy
Dr. Neri dos Santos
Dr. Ulf Gregor Baranow

Editora-chefe
Lindsay Azambuja

Gerente editorial
Ariadne Nunes Wenger

Assistente editorial
Daniela Viroli Pereira Pinto

Preparação de originais
Gilberto Girardello Filho

Edição de texto
Larissa Carolina de Andrade
Palavra do Editor

Capa
Débora Gipiela (*design*)
Martina V e P-fotography/Shutterstock (imagens)

Projeto gráfico
Débora Gipiela (*design*)
Maxim Gaigul/Shutterstock (imagens)

Diagramação
Sincronia Design

Iconografia
Sandra Lopis da Silveira
Regina Claudia Cruz Prestes

Dados Internacionais de Catalogação na Publicação (CIP)
(Câmara Brasileira do Livro, SP, Brasil)

Costa, Kelly Carla Perez da
  Mecânica e termodinâmica: metodologias e práticas / Kelly Carla Perez da Costa. Curitiba: InterSaberes, 2021. (Série Física em Sala de Aula)

  Bibliografia.
  ISBN 978-65-5517-892-0

  1. Física 2. Termodinâmica I. Título II. Série.

20-52793   CDD-530

Índices para catálogo sistemático:
1. Física   530

Cibele Maria Dias – Bibliotecária – CRB-8/9427

1ª edição, 2021.
Foi feito o depósito legal.
Informamos que é de inteira responsabilidade da autora a emissão de conceitos.
Nenhuma parte desta publicação poderá ser reproduzida por qualquer meio ou forma sem a prévia autorização da Editora InterSaberes.
A violação dos direitos autorais é crime estabelecido na Lei n. 9.610/1998 e punido pelo art. 184 do Código Penal.

Sumário

Em escala subatômica 7
Como aproveitar ao máximo as partículas deste livro 10

1 **Contexto do ensino de Física** 14

    1.1 História do ensino de Física 16
    1.2 Diretrizes Curriculares Nacionais para o ensino de Física 34
    1.3 Programa Nacional do Livro Didático para o Ensino Médio 39
    1.4 Análise de livros didáticos de Física 46
    1.5 Análise de textos e experimentos de Física 51

2 **Estratégias de ensino** 65

    2.1 Teorias de aprendizagem 66
    2.2 Aprendizagem por modelos e analogias 80
    2.3 Experimentos e demonstrações no ensino de Física 89
    2.4 Metodologias alternativas 97
    2.5 Projetos interdisciplinares 108

3 **Sequências didáticas para o ensino de cinemática e hidrostática** 124

   3.1 Instrumentos de medida: paquímetro, micrômetro e balança 126
   3.2 Movimento uniforme e uniformemente variado: experimento e gráficos 138
   3.3 Lançamento de projéteis 146
   3.4 Lei de Stevin 150
   3.5 Princípio de Pascal e princípio de Arquimedes 154

4 **Sequências didáticas para o ensino de dinâmica e estática** 166

   4.1 Constante elástica da mola 167
   4.2 Equilíbrio de forças 170
   4.3 Força de atrito e aplicações 171
   4.4 Força centrípeta e aplicações 175
   4.5 Estática dos corpos rígidos 178

5 **Sequências didáticas para o ensino de conservação da energia e gravitação universal** 192

   5.1 Conservação da energia mecânica 193
   5.2 Colisões 201
   5.3 Conservação do momento angular 208
   5.4 Aceleração da gravidade 213
   5.5 Modelos planetários e sistema solar atual 216

6 **Sequências didáticas para o ensino de termodinâmica** 235

    6.1 Medições de temperatura 236
    6.2 Curva de aquecimento da água 244
    6.3 Calorímetro e calor específico 251
    6.4 Transmissão de calor: condução, convecção e irradiação 257
    6.5 Máquinas térmicas 262

Além das camadas eletrônicas 278
Lista de siglas 282
Referências 285
Corpos comentados 309
Respostas 313
Sobre a autora 319

Epígrafe

As atividades são os veículos usados pelo professor para criar situações e abordar conteúdos que permitam ao aluno viver as experiências necessárias para sua própria transformação.

(Bordenave; Pereira, 2004, p. 124)

Em escala subatômica

O ensino de Física levou um tempo até atingir o *status* de área de estudo. Contudo, o caminho percorrido permitiu a obtenção de maior propriedade no uso das teorias de ensino-aprendizagem, a diversificação de estratégias de ensino, a criação de novos instrumentos de ensino pensados especificamente para a área e, principalmente, a formação de uma visão diferente do que é ser professor de Física.

Conhecer as teorias de aprendizagem confere uma percepção mais apurada dos atos de ensinar e aprender. As teorias e os métodos estão associados e, da mesma forma, busca-se estabelecer relações entre as teorias, as metodologias e as ações pedagógicas, em um processo constante de observação, reflexão e ação. Isso nos mostra que, além de ensinar, é necessário continuar aprendendo coisas novas.

Além disso, não são apenas as tecnologias de ensino que representam o novo, isto é, descobrir ou redescobrir teorias que foram elaboradas há 50 anos também é uma maneira de renovar a prática pedagógica. Igualmente, pensar em formas diferentes de usar um recurso também traz renovação, bem como o uso da pesquisa e a intencionalidade nela empregada. Assim, este livro foi elaborado com a intenção de promover reflexões, descobertas, redescobertas e apontar para novas possibilidades. Ao final desta obra, você, leitor, será capaz de imaginar, planejar e executar sequências didáticas das formas mais variadas.

Este livro foi estruturado em seis capítulos.

No Capítulo 1, abordamos, brevemente, a história do ensino de Física no Brasil e os eventos que resultaram no *status* que a disciplina e seus estudos alcançaram. Destacamos os documentos que orientam o trabalho pedagógico – leis, diretrizes e parâmetros – a fim de elucidar de que forma podemos analisar os materiais didáticos disponíveis considerando os documentos e as condições atinentes à atividade pedagógica.

No Capítulo 2, versamos sobre as teorias de aprendizagem e as metodologias de ensino, buscando esclarecer suas relações por meio das diferenciações e da aplicação de cada uma. Ainda, examinamos referenciais teóricos voltados à aprendizagem e à metodologia de ensino, proporcionando uma visão ampla dos processos de ensino-aprendizagem.

No Capítulo 3, iniciamos as análises de sequências didáticas sobre os temas da cinemática e da hidrostática, mostrando possibilidades de estratégias de ensino, como jogos, Excel, *smartphone* como laboratório móvel, Tracker, *softwares* de matemática e materiais recicláveis. Ainda, apresentamos neste e nos próximos capítulos sugestões de como compor sequências didáticas e utilizar estratégias que, juntas, visam alcançar os objetivos de aprendizagem. Ressaltamos, porém, que o intuito não é propor um manual de práticas, mas sugerir a realização de sequências didáticas intencionais.

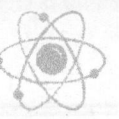

As sequências envolvendo dinâmica são abordadas no Capítulo 4, com indicações relativas à construção de instrumento de medida, experimentos baseados em exercícios, simuladores, HQ, infográficos, entre outros.

No Capítulo 5, tratamos da conservação da energia e da gravitação universal, por meio de plataformas como Kahoot, Stellarium e CmapTools, além de maquetes e pesquisas direcionadas.

Por fim, no Capítulo 6, apresentamos projetos e experimentos de termodinâmica, com a sugestão de elaboração de painel, uso do Canva, redação dissertativa, vídeos, pesquisa biográfica e projetos interdisciplinares.

As demonstrações e os experimentos aparecem nos quatro capítulos de sequências didáticas, e as estratégias e os instrumentos de ensino vão se mesclando em possibilidades e conteúdos diferentes. Tudo foi pensado para que você elabore as próprias sequências com autonomia e assertividade.

Bons estudos!

Como aproveitar ao máximo as partículas deste livro

Empregamos nesta obra recursos que visam enriquecer seu aprendizado, facilitar a compreensão dos conteúdos e tornar a leitura mais dinâmica. Conheça a seguir cada uma dessas ferramentas e saiba como estão distribuídas no decorrer deste livro para bem aproveitá-las.

Primeiras emissões
Logo na abertura do capítulo, informamos os temas de estudo e os objetivos de aprendizagem que serão nele abrangidos, fazendo considerações preliminares sobre as temáticas em foco.

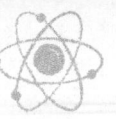

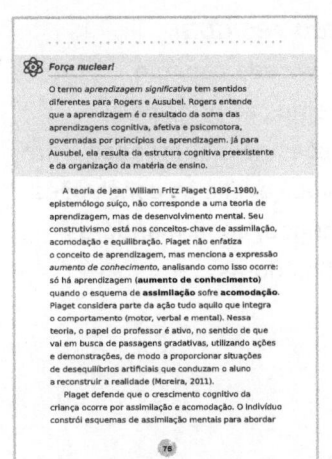

Força nuclear!
Algumas das informações centrais para a compreensão da obra aparecem nesta seção. Aproveite para refletir sobre os conteúdos apresentados.

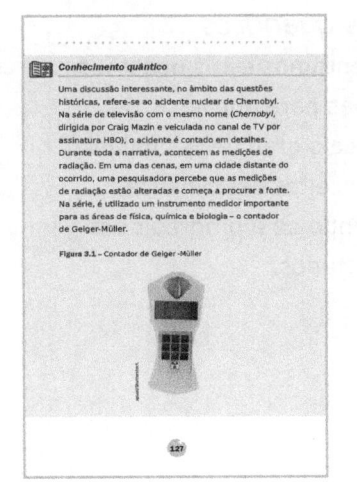

Conhecimento quântico
Nestes boxes, apresentamos informações complementares e interessantes relacionadas aos assuntos expostos no capítulo.

Radiação residual

Ao final de cada capítulo, relacionamos as principais informações nele abordadas a fim de que você avalie as conclusões a que chegou, confirmando-as ou redefinindo-as.

Testes quânticos

Apresentamos estas questões objetivas para que você verifique o grau de assimilação dos conceitos examinados, motivando-se a progredir em seus estudos.

Interações teóricas

Aqui apresentamos questões que aproximam conhecimentos teóricos e práticos a fim de que você analise criticamente determinado assunto.

Corpos comentados

Nesta seção, comentamos algumas obras de referência para o estudo dos temas examinados ao longo do livro.

Contexto do ensino de Física

1

O desenvolvimento e as tendências no ensino de Física no Brasil seguiram motivações e mudanças que ocorreram ao longo da história moderna da humanidade. Sob essa ótica, na primeira seção deste capítulo, pontuaremos, sucintamente, alguns fatos e momentos que possibilitam entender melhor esse caminho da disciplina e das pesquisas em ensino de Física. Esse percurso é o mesmo do desenvolvimento do sistema educacional ao longo da história do Brasil.

Em seguida, discutiremos as Diretrizes Curriculares Nacionais (DCN) para o ensino de Física e seu uso no plano de trabalho docente (PTD). Na terceira seção, apresentaremos o Programa Nacional do Livro Didático (PNLD) para o ensino médio, partindo de uma linha do tempo que abrange desde a criação do programa até a distribuição dos livros de Física. Trataremos, também, da importância de escolher um livro que seja adequado para o grupo de alunos e esteja em conformidade com os objetivos do projeto político-pedagógico(PPP) da escola.

Na sequência, promoveremos uma análise de livros didáticos de Física e de textos e experimentos da área. Nessas seções, refletiremos sobre os aspectos que o docente deve considerar na escolha de materiais, sempre levando em conta a intencionalidade do processo educativo.

1.1 História do ensino de Física

Em 1808, a corte portuguesa veio para o Brasil e, em função de suas necessidades, foram criadas estruturas comerciais, de ensino e cultura – imprensa local, bibliotecas, museus e instituições de ensino – que promoveram profundas mudanças políticas e administrativas (Carneiro, 2017). A Academia Real Militar (1810) e a Academia Real da Marinha (1808) eram instituições de nível superior, voltadas às necessidades administrativas e militares, que apresentavam em seus currículos a Física e, principalmente, suas aplicações.

No acervo cronológico digital da Biblioteca Nacional, encontramos a seguinte descrição: "1810 – 4 de dezembro [...] Carta régia cria na cidade do Rio de Janeiro a Academia Real Militar, atual Academia Militar das Agulhas Negras, com cursos de matemática, **física**, química e história natural" (Fundação Biblioteca Nacional, 2020, grifo nosso).

A Academia Real Militar formava oficiais de artilharia, engenheiros, topógrafos e geógrafos. O curso previa a oferta de disciplinas de Matemática, Física, Química, Mineralogia, Metalurgia, História Natural e Ciências Militares. Seguindo o modelo da Universidade de Coimbra e da Escola Politécnica de Paris, os livros utilizados eram traduções de obras estrangeiras, e as aulas eram teóricas e práticas (Cabral, 2020).

Teixeira e Beneti (2013) pesquisaram o ensino de Física no período imperial e, especificamente com relação à Academia Real Militar, as autoras assim o descrevem:

> Observamos que o ensino de física na instituição tinha como objetivo subsidiar o ensino de práticas de engenharia. Apesar de caracterizar um ensino acadêmico, não estava direcionado para a pesquisa científica, mas sim para aplicações práticas da física no trabalho do engenheiro militar e do engenheiro civil. A física estava isolada das outras disciplinas e também presente em disciplinas específicas de aplicações em engenharia. (Teixeira; Beneti, 2013, p. 7)

Por volta de 1830, vivia-se um regime monárquico e governado pelo Imperador D. Pedro I, que incluiu no projeto nacional um sistema nacional de educação pública. Em razão de questões econômicas e conflitos internos, esse sistema não foi efetivado, e o panorama da época se constituía por poucas escolas, espaços que não atendiam ao número de alunos e que contavam com poucos e despreparados professores, além de serem mal financiados e voltados para o ingresso no ensino superior. Nesse período, a metodologia utilizada era a do ensino mútuo ou monitorial, ou Método Lancaster, que dependia de instalações adequadas (Carneiro, 2017).

No local onde funcionava o Seminário de São Joaquim, no Rio de Janeiro, foi criado, em 1837, o Imperial Colégio de Pedro II, que serviria de padrão para os liceus fundados no Rio Grande do Norte, na Bahia e na Paraíba. No decreto de sua criação, estão listadas as disciplinas oferecidas, entre as quais constam a Física e a Astronomia.

> O decreto de 2 de dezembro de 1837 estabeleceu que no Colégio de Pedro II seriam ensinadas as línguas latina, grega, francesa e inglesa, além de retórica e dos princípios elementares de geografia, história, filosofia, zoologia, mineralogia, botânica, química, **física**, aritmética, álgebra, geometria e **astronomia**. (Brasil, 1837, citado por Gabler; Alves, 2020, grifo nosso)

O ensino nesse colégio era voltado para o ingresso no ensino superior e atendia aos filhos da elite do país (Carneiro, 2017). Em 1859, o Imperial Colégio abriu matrícula para a 5ª série, que oferecia certificado para formação de grau médio e não teve inscritos. No período imperial, as classes média e alta usufruíam dos poucos colégios existentes, e não havia obrigatoriedade de estudos, tampouco uma sequência de formação. A classe baixa, além de não encontrar motivos para estudar, não podia arcar com seus custos. Quem podia pagar escolhia fazer o ensino médio de três anos, que preparava para o ensino superior (Ribeiro, 2010).

As academias militares já promoviam aulas práticas de conteúdos específicos de Física, e as aulas de Física, no Imperial Colégio de Pedro II, contavam com *kits* de demonstração. Como descreve Eiras (2003, p. 2, grifo do original),

O laboratório sob a abordagem demonstrativa foi utilizado no período anterior aos projetos curriculares de ensino de Física. No Colégio Pedro II, por exemplo, a experimentação era baseada na utilização dos **Gabinetes de Física**, constituídos de aparelhos para serem manipulados pelo professor em aulas demonstrativas.

Maria Ribeiro (2010) explica que, estudando-se as mudanças ao longo das reformas no ensino por meio da história do Imperial Colégio, é possível perceber a influência dos modelos europeus. Os liceus franceses eram a referência, contudo as estruturas escolares, francesa e brasileira, passavam por problemas diferentes. Na Europa, buscava-se um caminho de união entre a formação literária e a científica, em função da transformação para uma sociedade industrial avançada. Já no Brasil, tentava-se harmonizar a formação humana e o preparo para o ensino superior. No caso brasileiro, o país caminhava para o estabelecimento de uma sociedade exportadora-urbano-comercial.

No começo da República, conforme aponta Ribeiro (2010), por influência das ideias positivistas, ocorreram as reformas de Benjamin Constant, em 1891, e a reforma de Rivadavia Corrêa, em 1911. A primeira incluiu **disciplinas científicas** no ensino médio – Astronomia e Física, entre outras – e organizou os vários níveis do sistema educacional. A segunda tentou impor as **atividades práticas** às disciplinas. Carneiro (2017) explica que, na perspectiva positivista, a educação deveria ser mais técnica, aplicável e consoante a busca pelo estado de ordem e progresso, justamente o que Constant tencionava com a reestruturação no currículo e nos procedimentos educacionais.

Na década de 1920, o modelo de sociedade era o nacional-desenvolvimentista, caracterizado pelo incentivo à industrialização. Nesse contexto, surgiu o movimento pedagógico da Escola Nova, originário da Europa. Seu reflexo no Brasil propôs o humanismo científico-tecnológico, que entendia a tecnologia e a ciência como elementos que facilitavam as atividades cotidianas e estavam à disposição do homem (Ribeiro, 1993).

Em 1931, depois da criação, em 1930, do Ministério da Educação e Saúde, aconteceu a **reforma do ensino secundário**. Nesse momento, o currículo foi definido como seriado e de frequência obrigatória. Em 1932, Fernando de Azevedo redigiu o *Manifesto dos pioneiros da Educação Nova*, documento assinado por 26 intelectuais da época. No texto, defendia-se o ensino público, gratuito, laico, obrigatório e único para permitir o acesso livre e independente da classe social. Os problemas educacionais expostos no manifesto e os caminhos sugeridos para enfrentá-los foram, aos poucos, após décadas, sendo absorvidos. Todavia, o modelo de referência eram as ideias e técnicas pedagógicas dos Estados Unidos, e, novamente, a realidade brasileira não condizia com tal modelo (Ribeiro, 1993; Carneiro, 2017).

 O Estado Novo, regime ditatorial de 1937, após o golpe de Getúlio Vargas, outorgou uma nova Constituição e, em função dela, aumentaram-se as verbas destinadas à educação. O intuito era suprir o mercado de trabalho com mão de obra minimamente qualificada, de maneira rápida e prática. O Estado ficou responsável, no primeiro momento, pelo ensino pré-vocacional e profissionalizante, estabelecendo uma cooperação com as indústrias. Mais tarde, no governo do General Eurico Gaspar Dutra, em 1945, realizou-se o mesmo processo com o comércio. Surgiu então, em 1942, o Serviço Nacional de Aprendizagem Industrial (Senai), como sistema de ensino paralelo ao oficial. As atividades destinavam-se basicamente, à escolarização de trabalhadores por meio de aprendizagem industrial. Em 1946, foi criado o Serviço Nacional de Aprendizagem Comercial (Senac). Em seu início, o Senac utilizava um sistema de escolas particulares voltadas para o ensino comercial e preparava o comerciário menor de idade.

 O contexto era o da Segunda Guerra Mundial, e as importações de produtos industrializados estavam prejudicadas, sendo necessário, naquele momento, expandir o setor industrial brasileiro (Silva, 2010). Assim, nesses sistemas educacionais, a estrutura "obedece às exigências do modelo taylorista-fordista de produção, atendendo a divisão social do trabalho (quando cada classe social deve ocupar uma determinada função prestabelecida) e a divisão técnica (parcelamento do processo produtivo em pequenas partes)" (Silva, 2010, p. 398).

    O sistema educacional e sua estrutura, desde seu início, estiveram a serviço dos interesses do Estado, em alguns momentos, empregando ações mais objetivas e, em outros, menos. Cabe mencionar que outras reformas aconteceram nesse período, mas não foram citadas aqui por fugir do escopo desta seção. Contudo, é possível perceber como o ensino humanista e o científico foram assumindo, ora um, ora outro, o centro das atenções no processo histórico, estando constantemente relacionados às transições ocorridas nas sociedades. O Brasil sempre esteve um passo atrás nessas transições e, justamente por influência de contextos que não eram os seus, acabou falhando parcial ou, até mesmo, totalmente em suas reformas educacionais. A disciplina de Física em nível médio era até então, no Brasil, apenas algo necessário aos exames de admissão para os cursos superiores.

    O ensino de Física como área de estudo surgiu entre as décadas de 1940 e 1950 (Gaspar, 1997; Moreira, 2000; Nardi, 2005). Alguns acontecimentos podem ser citados como fatores que impulsionaram os estudos na área de ciências e, consequentemente, na área do ensino de Física. Em 1946, mesmo ano do surgimento do Senac,

foi criado o Instituto Brasileiro de Educação, Ciências
e Cultura (IBECC), responsável pela realização de
diversos projetos de ensino de Ciências (Nardi, 2005).

O IBECC é uma comissão nacional da Organização das
Nações Unidas para a Educação, a Ciência e a Cultura
(Unesco) no Brasil, criada para gerenciar projetos nas
áreas de educação, ciência e cultura, com a finalidade
de melhorar a qualidade de ensino das ciências
experimentais. Esse instituto foi criado pelo Decreto
n. 9.355, de 13 de junho de 1946, e esteve vinculado
ao Ministério das Relações Exteriores (Brasil, 1946).
A Unesco realizou diversos projetos de integração
entre cientistas de várias áreas por meio do IBECC
e estabeleceu centros científicos regionais. Os físicos da
época perceberam que poderiam utilizar o IBECC para
viabilizar projetos e ampliar ações voltados a países da
América Latina.

Assim, em 1949, foram criados o Conselho Nacional
de Pesquisas (CNPq), a Sociedade Brasileira para
o Progresso da Ciência (SBPC) e o Centro Brasileiro
de Pesquisas Físicas (CBPF). Em 1961, pela Resolução
n. 72 do Conselho Executivo, a Unesco reconhecia que
"o desenvolvimento da investigação científica no domínio
da **física** constitui base indispensável para o progresso
econômico e social. [...] em sua XII Conferência Geral,
decide pela criação de um projeto piloto de ensino de
física em São Paulo" (Abrantes, 2008, p. 124, grifo nosso).

E, em 1962, foi criado o Centro Latino-Americano de Física (Claf) (Abrantes, 2008).

Abrantes (2008) cita dois projetos da comunidade de físicos do Brasil como marcos da colaboração da pesquisa em física, uma vez que foram apoiados pela Unesco: em 1952, o projeto para pesquisas em raios cósmicos, com a equipe de César Lattes, e, em 1962, o Claf, que teve sua

> sede no CBPF, com representantes dos governos do Brasil (país sede e proponente do acordo), da Argentina, da Bolívia, do Chile, da Colômbia, da Costa Rica, de Cuba, de El Salvador, da República Dominicana, do Peru, da Nicarágua, do Paraguai, do México, de Honduras, do Haiti, da Guatemala e do Equador, bem como da UNESCO. (Abrantes, 2008, p. 124)

Enquanto isso, o IBECC de São Paulo, criado entre 1949 e 1950, conduzia estudos relacionados à educação formal e informal, conseguindo a mobilização e o envolvimento da sociedade. Suas ações, voltadas para o ensino médio, incluíam a realização de feiras, exposições, clubes ou concursos de ciência, bem como a produção de *kits* de ciência e de material didático, que acabaram influenciando mudanças curriculares. Foi de Isaías Raw, em 1952, médico recém-formado na Universidade de São Paulo (USP), a proposta para o ensino de Ciências com ponto de partida em atividades dinâmicas e capazes de despertar o espírito investigador e o raciocínio nos jovens. Raw propôs visitas a museus de ciências e a formação de clubes de ciências, além de distribuir material didático e *kits* de experimentação, com o intuito de se identificarem jovens talentos. Foram inúmeras as ações exitosas realizadas pelo IBECC/SP (Abrantes, 2008).

Em 1955, o IBECC desenvolveu *kits* destinados ao ensino de Física para alunos do ensino fundamental e do ensino médio. Antes desses *kits*, foram elaborados materiais de Química para o ensino médio e, junto com os de Física, os de Biologia e Química para o fundamental e o médio.

Outra mudança de contexto ocorreu entre o final da década de 1950 e o começo de 1960, quando a Rússia (União Soviética) fez seus experimentos com a série de satélites Sputnik. Esse programa espacial soviético aconteceu de 1957 a 1961. O Sputnik 1, lançado em 4 de outubro de 1957, foi o primeiro satélite artificial da Terra. O sucesso de seu lançamento provocou uma crise nos Estados Unidos e o início da corrida espacial durante a Guerra Fria (1947-1991). Os avanços nas áreas política, militar, tecnológica e científica estavam sendo motivados pelo intuito de uma nação superar a outra. Nesse sentido, o Sputnik serviu para acentuar uma das frentes de ataque – a educação. O ensino de Ciências deveria ser reformulado, os currículos de Matemática e Ciências ampliados e contextualizados, a fim de atingirem ou sobrepujarem o ensino da Rússia naquela época.

Segundo Moreira (2000), os físicos da época não estavam satisfeitos com o ensino da Física nas escolas de ensino médio antes do Sputnik. Para Gaspar (1997), a percepção da superioridade tecnológica russa com o Sputnik só fez aumentar a vontade de superação. Sob essa influência, surgiu o projeto do Physical Science Study Committee (PSSC), criado nos Estados Unidos em 1956, composto por um texto básico, um guia de laboratório, aparelhos modernos e baratos, filmes, testes padronizados e livro do professor (Gaspar, 1997). A tradução desse material para o português aconteceu em 1963 e foi realizada pela Editora Universidade de Brasília (Moreira, 2000).

Em 20 de dezembro de 1961, foi promulgada a Lei n. 4.024, que fixou as Diretrizes e Bases da Educação Nacional (Brasil, 1961). Na década de 1960, conforme Paulo Ribeiro (1993), marcada pelos movimentos de educação popular e pelo golpe de Estado de 1964, que retomou o desenvolvimento do setor industrial, a sociedade percebeu que, naquele contexto, só a educação poderia oferecer a possibilidade de se assumirem cargos nas grandes empresas multinacionais que estavam começando a fixar suas instalações no Brasil. A classe operária pleiteava o ensino médio e a qualificação para o trabalho, e a classe média tentava o ensino superior e prestava exames, mas as vagas ainda não existiam. Ribeiro (1993) lembra que o sistema de admissão na universidade na época era diferente do atual – apenas os que não atingiam a nota mínima eram eliminados; todos os outros tinham direito a sua vaga.

Na mesma época, em 1962, foi promovida, em proveito da Física, uma reunião de secretários da Unesco em que se fez a proposição de desenvolver no Brasil um projeto piloto sobre novos métodos e técnicas de ensino de Física, que acabou sendo referência internacional. Em 1965, o Ministério da Educação e Cultura (MEC) criou o Centro de Ciências do Nordeste (Cecine) e, na sequência, outros centros em Porto Alegre, Belo Horizonte, Rio de Janeiro, São Paulo e Salvador, que funcionavam como centros de treinamento de professores e de produção/distribuição de material didático e de laboratório.

Essas iniciativas continuaram. Em 1967, ocorreu a criação da Fundação Brasileira para o Desenvolvimento do Ensino de Ciências (Funbec), órgão ligado ao IBECC e que tinha como objetivo industrializar os materiais produzidos e treinar professores primários. Em 1971, com a lei de implantação do ensino profissionalizante – Lei n. 5.692, de 11 de agosto de 1971 (Brasil, 1971) – foi organizado o Projeto Nacional para Melhoria do Ensino de Ciências (Premem), que financiou vários projetos até o final da década de 1970. Entre eles, estava o Projeto de Ensino de Física (PEF), do Instituto de Física da USP, promovido em 1972, que, assim como outros desse período, entendia o ensino de Ciências como um processo de investigação científica feita pelo aluno.

Em 1975, nos Estados Unidos, surgiu outro projeto, agora influenciado pelo pedagogo Jerome Bruner: o Projeto Harvard, semelhante ao PSSC, mas com enfoque humanista (Nardi, 2005; Gaspar, 1997).

Entre 1960 e 1970, formaram-se os primeiros grupos de pesquisa em ensino de Física. Na década de 1970, ocorreram os Simpósios Nacionais de Ensino de Física (SNEFs). No III SNEF, em 1976, as discussões giraram em torno das razões para se ensinar Física no Brasil, considerando-se o contexto de descaso com a educação e com os estudos em ensino de Física. Foram registradas, em moção do simpósio, questões referentes à Lei n. 5.692/1971, que diminuía a carga horária da disciplina no ensino médio, tornando superficial o ensino de Física e não contribuindo para a formação geral ou como encaminhamento profissional ou universitário (Nardi, 2005).

Nas reflexões de autores da área de ensino de Física, tanto os projetos estrangeiros quanto os desenvolvidos no Brasil, em razão de traduções, adaptações e escassez de materiais, não alcançaram o esperado. O enfoque na experimentação e na participação ativa do estudante orientado pelo professor, bem como a capacidade do material em promover essa interação do aluno com a ciência foram superestimados (Nardi, 2005; Gaspar, 1997). Gaspar (1997) considera que o Grupo de Reelaboração do Ensino de Física (Gref) – criado em 1984 e integrado por professores da USP e do ensino médio – foi uma exceção porque adotou uma perspectiva de ensino de Física do cotidiano por meio de uma abordagem pedagógica dialógica.

Nardi (2005) destaca também que, em 1985, em uma reunião da SBPC, o Encontro de Pesquisa em Ensino de Física (Epef) foi idealizado tendo como ponto de partida discussões sobre a necessidade de um fórum voltado ao debate sobre a pesquisa *stricto sensu*. Sua primeira edição aconteceu em Curitiba, em 1986.

Carneiro (2017), ao descrever o contexto da década de 1980, observa que, nesse período, o regime militar estava em decadência, em um cenário de problemas econômicos, insatisfação da população e das forças armadas, pressão de grupos estudantis e de grupos contra o regime. Nesse contexto, segundo a autora,

> problemas estruturais continuaram a afetar as instituições públicas de ensino do país, principalmente no que se referia à disponibilidade de instalações adequadas e a [sic] complexidade da formação dos docentes, mas a meta de suprir o meio educacional com professores-pesquisadores se delineou com mais força. (Carneiro, 2017, p. 124)

Com a Constituição de 1988, conhecida como *Constituição Cidadã*, a educação assumiu uma perspectiva mais integrada com a realidade social. Temas como a pluralidade cultural brasileira, o meio ambiente e a prevenção de doenças sexualmente transmissíveis começaram a ser discutidos. Em seu texto, a Constituição trata a educação como direito cidadão, como dever do Estado, de oferta pública e obrigatória (Brasil, 1988). Em 13 de julho de 1990, foi instituída a Lei n. 8.069 – Estatuto da Criança e do Adolescente (ECA) –, que reforçou o dever do Estado em promover e assegurar o ensino obrigatório e gratuito (Brasil, 1990).

Em 1994, no governo de Fernando Henrique Cardoso, havia "um discurso novo na educação brasileira: orientações explícitas de como deveria ser pensada e conduzida a ação educacional nas escolas" (Ciavatta; Ramos, 2012, p. 11). Em 20 de dezembro de 1996, foi promulgada a Lei n. 9.394 – Lei de Diretrizes e Bases da Educação Nacional (LDBEN) –, sistematizando-se um pensamento de formação que agregasse valores intelectuais, filosóficos e criativos para uma formação integral e crítica do cidadão (Brasil, 1996). Da LDBEN de 1996 originaram-se, em 1997, os Parâmetros Curriculares Nacionais (PCN), que correspondem a diretrizes, não obrigatórias, separadas por disciplina. Os PCN são um documento que apresenta propostas de ação pedagógica para as disciplinas formais e para os temas transversais (ética, meio ambiente, saúde, pluralidade cultural e orientação sexual). Na sequência, surgiram as Diretrizes Curriculares Nacionais (DCN), que apresentam um conjunto de definições doutrinárias sobre princípios, fundamentos e procedimentos na educação básica e constituem normas obrigatórias que orientam o planejamento curricular das escolas, buscando assegurar a formação básica comum.

Nesse período, em 1998, foi elaborado o Relatório Jacques Delors como resultado da Reunião Internacional sobre Educação para o Século XXI, promovida pela Unesco, em que foram formuladas certas competências como necessidades de aprendizagem, quais sejam: aprender a conhecer, aprender a fazer, aprender a conviver e aprender a ser. Nesse mesmo momento, acontecia um movimento internacional que atendia às exigências das agências multilaterais, no sentido de formar personalidades flexíveis para um mercado incerto (Ciavatta; Ramos, 2012).

No ano de 2014, ocorreu a organização do Plano Nacional de Educação (PNE), correspondente à Lei n. 13.005, de 25 de junho de 2014, com a intenção de erradicar o analfabetismo e melhorar a educação nacional (Brasil, 2014).

Carneiro (2017) ressalta que a educação brasileira sempre serviu a interesses econômicos, o que não foi diferente com essas leis promulgadas no final do século XX e começo do século XXI. Apresentando-se como investidores do projeto de reformas na educação brasileira, organismos como o Banco Mundial continuam interferindo nos direcionamentos das reformas, propondo princípios de competências e habilidades que servem principalmente para o bom funcionamento do sistema capitalista. Contudo, no cotidiano escolar brasileiro, as mesmas questões seguem sem resolução: falta de professores ou professores inexperientes e escassez de instalações adequadas e de materiais.

Percebe-se, ao longo desse percurso, do período imperial até o século XXI, que a busca por uma educação de qualidade ainda continua, por meio da participação em movimentos populares, da pesquisa sobre as possibilidades na área de ensino de Física, do fortalecimento de grupos de estudo em educação ou das discussões em fóruns de educação. Todavia, como lembra Carneiro (2017, p. 132), "as políticas públicas da esfera federal e de muitos governos estaduais agem de maneira unilateral, pouco abertas a observar o que os setores de base têm a dizer".

Em situações mais recentes, como em 2016, foram promulgadas a Proposta de Emenda Constitucional n. 214, que limitou investimentos para a realização das metas do PNE, e a Medida Provisória n. 746, que reformulou o ensino médio, aumentando a carga horária e modificando a obrigatoriedade de certas disciplinas (Carneiro, 2017).

Em 2017, a Medida Provisória n. 746, de 22 de setembro de 2016, foi convertida na Lei n. 13.415, de 16 de fevereiro de 2017. Ela prevê a obrigatoriedade das disciplinas de Língua Portuguesa, Matemática, Educação Física, Arte, Sociologia, Filosofia e Língua Inglesa e altera o art. 36 da LDBEN, como segue:

Art. 36. O currículo do ensino médio será composto pela Base Nacional Comum Curricular e por itinerários formativos, que deverão ser organizados por meio da oferta de diferentes arranjos curriculares, **conforme a relevância para o contexto local** e a possibilidade dos sistemas de ensino, a saber:

I. linguagens e suas tecnologias;
II. matemática e suas tecnologias;
III. ciências da natureza e suas tecnologias;
IV. ciências humanas e sociais aplicadas;
V. formação técnica e profissional. (Brasil, 2017, grifo nosso)

Força nuclear!

Levando-se em consideração o art. 36, pense sobre as seguintes questões: Qual é o contexto local? Esse contexto é bem definido? As escolas atendem apenas alunos que pertencem a ele? A palavra *local* faz referência à comunidade escolar, ao município ou ao Estado? Você conseguiria descrever com exatidão o contexto do local onde vive? Continue sua reflexão e tente perceber o contexto de uma escola próxima ao lugar em que você mora. Se você já atua como professor, conseguiria descrever objetivamente o contexto local para a escola em que trabalha?

No dia 4 de dezembro de 2018, foi aprovada pelo Conselho Nacional de Educação (CNE) a Base Nacional Curricular Comum (BNCC) para o ensino médio, que consiste em um documento norteador e uma referência única para que as escolas elaborem seus currículos objetivando a formação integral dos indivíduos e considerando as competências exigidas no século XXI. Cabe lembrar que, na composição e no desenvolvimento desses documentos, estão contempladas as DCN relativas a cada disciplina.

1.2 Diretrizes Curriculares Nacionais para o ensino de Física

No documento das diretrizes para a disciplina de Física, encontramos as discussões e os direcionamentos com relação à composição do plano de trabalho docente (PTD) que o professor deve realizar em todo começo de ano letivo.

De acordo com o texto, a complexidade do conhecimento demanda abordagens diferenciadas e percebidas no âmbito de um contexto histórico e cultural. Por isso, faz-se necessário promover uma abordagem interdisciplinar que objetive uma formação que considere as dimensões científica, artística e filosófica do conhecimento. Portanto, defendem-se a interdisciplinaridade e a contextualização sócio-histórica.

As diretrizes curriculares (Paraná, 2008) classificam os conteúdos como estruturantes, básicos e específicos, sendo um derivado do outro. Os conteúdos estruturantes estão divididos em movimento, termodinâmica e eletromagnetismo. Os conteúdos básicos, por consequência, são: cinemática, dinâmica, gravitação universal, termometria, calorimetria, ondulatória, óptica, acústica, eletricidade, entre outros. Cabe ao professor, no momento da elaboração de seu PTD, a escolha dos conteúdos específicos referentes aos conteúdos básicos.

A seguir, no Quadro 1.1, apresentamos um modelo de estrutura de PTD. O ideal é construir o PTD junto com outros colegas da disciplina a fim de estabelecer uma continuidade nos conteúdos de uma série para outra e entre turmas da mesma série.

Quadro 1.1 – Modelo de PTD

PLANO DE TRABALHO DOCENTE							
Colégio:							
Professor(es):							
Série:				Período:			
Disciplina:				Ano:			
Conteúdo estruturante	Conteúdo básico	Conteúdos específicos	Justificativa	Objetivos	Encaminhamento metodológico	Critérios de avaliação	Instrumentos de avaliação	Referências

- **Conteúdo estruturante** – Movimento, termodinâmica e eletromagnetismo, por exemplo.
- **Conteúdo básico** – Por exemplo, para movimento: cinemática, dinâmica, conservação da energia, conservação do momento linear, estática, hidrostática, gravitação universal.
- **Conteúdos específicos** – Por exemplo, para gravitação universal: leis de Kepler, lei da gravitação universal, cosmologia e cosmogonia.
- **Justificativa** – Por que estudar esses conteúdos específicos? A justificativa é para os conteúdos específicos do período.
- **Objetivos** – A quais entendimentos o aluno chegará com os conteúdos específicos?
- **Encaminhamentos metodológicos** – Descrição de como será o período. É preciso explicar se o ínicio do curso começa com alguma revisão, se as aulas são expositivas, práticas, sala invertida etc. Também é necessário mencionar quais tecnologias serão utilizadas e para qual finalidade (avaliação, atividades complementares, conteúdos complementares ou conteúdos da aula em si). É pertinente, ainda, deixar claro o que é proibido nas aulas (por exemplo, o uso de celular).
- **Critérios de avaliação** – Quais relações do conteúdo com outras disciplinas ou outros temas o aluno deve ser capaz de estabelecer no final do processo?

- **Instrumentos de avaliação** – Tipos de avaliações e seus valores, levando-se em consideração o projeto político-pedagógico (PPP) do colégio. É indicado diversificar as avaliações (provas presenciais e *on-line*; trabalhos escritos e orais; produção de cartaz, vídeos, seminários, resenhas; realização de experimentos; participação em eventos; realização e participação em atividades ou plataformas *on-line*; projetos interdisciplinares, jogos, entre outros).
- **Referências** – Diretrizes, orientações, parâmetros e livros didáticos utilizados como referência e aqueles que serão empregados como livros-textos.

Assim, para a elaboração do PTD, o professor tem como referência as Diretrizes Curriculares da Educação Básica e, para sua disciplina, as diretrizes ou as orientações curriculares (a depender do Estado em que atua). Contudo, as orientações referentes ao currículo, à avaliação e aos encaminhamentos metodológicos são basicamente as mesmas para todas as disciplinas.

Nesse sentido, é importante que o professor leia os documentos oficiais nacionais e de sua região para planejar suas aulas com conteúdos que, de fato, serão ministrados, evitando-se, assim, inserir tópicos aleatoriamente. Sugere-se sempre considerar a aplicação dos assuntos tratados, pois mesmo os conteúdos específicos oferecem uma gama de possibilidades de trabalho; compete ao professor, portanto, saber explorar esse potencial. Afinal, um conteúdo bem aproveitado vale mais que dez conteúdos trabalhados de forma resumida.

1.3 Programa Nacional do Livro Didático para o Ensino Médio

Começamos esta seção traçando uma linha do tempo sobre o Programa Nacional do Livro Didático (PNLD).

Quadro 1.2 – Linha do tempo: PNLD

1938	• Criação da Comissão Nacional do Livro Didático (CNLD), em dezembro de 1938, na gestão de Gustavo Capanema como ministro da Educação e Saúde, no governo de Getúlio Vargas. • Não havia distribuição de livros, apenas fiscalização da elaboração do conteúdo e uma relação oficial das obras de uso autorizado. • Critérios ideológicos e não pedagógicos.
1985	• Criação do Programa Nacional do Livro Didático (PNLD). • Escolha pela escola e participação dos professores do 1º grau. • Todos os alunos do fundamental recebiam livros. • Adoção de livros reutilizáveis.

(continua)

(Quadro 1.2 – conclusão)

1993	• Formação de um grupo de trabalho responsável por analisar os livros didáticos adquiridos pelo governo federal, nos quais são identificadas várias inadequações. • Critérios começam a ser definidos para posteriores aquisições e orientações.
1995	• Atuação do Estado sobre a qualidade, o conteúdo conceitual e a pertinência social. • Início das etapas do programa a partir de 1995: compra, distribuição e avaliação. • Orientação dos professores para a escolha.
1996	• As etapas do programa, até esse momento, estão sob a responsabilidade da Fundação da Assistência ao Estudante (FAE).
1997	• O PNDL fica a cargo do Fundo Nacional de Desenvolvimento da Educação (FNDE).
2004	• Lançamento do Programa Nacional do Livro Didático para o Ensino Médio (PNLEM).
2007	• Lançamento do Programa Nacional do Livro Didático para Alfabetização de Jovens e Adultos (PNLA) e do Programa Nacional do Livro Didático em Braille.

Fonte: Elaborado com base em Michel, 2019; Brasil, 2020a.

A página do Ministério da Educação apresenta o PNLD como

> destinado a avaliar e a disponibilizar obras didáticas, pedagógicas e literárias, entre outros materiais de

apoio à prática educativa, de forma sistemática, regular e gratuita, às escolas públicas de educação básica das redes federal, estaduais, municipais
e distrital e também às instituições de educação infantil comunitárias, confessionais ou filantrópicas sem fins lucrativos e conveniadas com o Poder Público. (Brasil, 2020b)

O programa, sob o Decreto n. 9.099, de 18 de julho de 2017, incluiu outros materiais de apoio à prática educativa, tais como: obras pedagógicas, *softwares* e jogos educacionais, materiais de reforço e correção de fluxo, materiais de formação e materiais destinados à gestão escolar (Brasil, 2020b).

Os livros disponibilizados para escolha são obras inscritas em editais específicos do PNLD, com base nos quais se realizam a seleção e a avaliação dessas obras, coordenadas pelo Ministério da Educação, mediante a análise de especialistas das diferentes áreas do conhecimento, pertencentes às redes de ensino e instituições federais que formalizaram sua adesão ao programa (Brasil, 2020b).

A distribuição do livro didático para o ensino médio começou com a distribuição parcial dos livros de Matemática e Português para o 1° ano. O livro de Biologia passou a ser entregue em 2007, no mesmo ano em que se iniciou a aquisição dos livros de História e Química. Em 2008, houve a distribuição dos livros de Física e Geografia. Em 2009, ocorreu a distribuição integral para o ensino médio de livros de Matemática, Português, Biologia, Física, Geografia, Química e História (Brasil, 2020a).

Desde 2008, os professores de Física têm à disposição os livros didáticos e, entre 2012 e 2015, foram lançados editais para estimular as editoras a aderir ao emprego de tecnologias, como a produção de objetos educacionais digitais complementares aos livros impressos; obras multimídia, reunindo livro impresso e livro digital; divulgação de endereços *on-line*, para que os estudantes tenham acesso ao material multimídia; versão digital do livro com os objetos educacionais digitais, como vídeos, animações, simuladores, imagens, jogos, textos, entre outros (Brasil, 2020a).

Ainda, o PNLD disponibiliza o *Guia digital das obras didáticas*, que faz a apresentação das coleções selecionadas por meio dos pareceres técnicos realizados. Cabe aos professores de determinada disciplina escolher qual coleção adotar, levando-se em consideração a realidade local. O *link* para o guia consta no *site* do FNDE e fica disponível para consulta no ano da escolha do livro didático para o ensino médio, que acontece a cada três anos.

Diante do exposto, compreende-se que a primeira escolha atende aos critérios estabelecidos pelo Ministério da Educação e a segunda é realizada pelas escolas após a análise das coleções indicadas. Mas como os professores realmente escolhem?

Zambon e Terrazzan (2013, p. 597) desenvolveram um estudo sobre os processos de escolha de livros didáticos nas escolas públicas e constataram os seguintes aspectos:

> 1) muitas escolas não tiveram acesso ao Guia em tempo suficiente para análise (conforme relato das coordenadoras pedagógicas); 2) muitos professores preferiram realizar análise direta dos livros, em detrimento de uma análise preliminar, a partir do Guia; 3) nem todos os livros aprovados chegaram à escola, o que acarreta total desconhecimento de algumas dessas obras por parte dos professores; 4) no caso estudado, o tempo entre o recebimento das obras enviadas pelas editoras e o encerramento do prazo para indicação ao MEC foi muito curto.

Os autores também reforçam a importância de os gestores delimitarem um tempo para a análise das obras durante o qual a maioria dos professores envolvidos possa estar presente. A própria divulgação do guia digital com as resenhas facilitaria um estudo individual para uma posterior reunião e decisão final quanto à escolha dessas obras. Zambon e Terrazzan (2013) destacam, ainda, os seguintes aspectos: a influência das editoras nesses momentos, mesmo sendo proibida por lei; a utilização de intervalos ou encontros breves para decidir sobre o livro a ser adotado;

o fato de serem poucas as escolas que realizam um número adequado de encontros com essa finalidade.

Em meio a essa situação, o professor elege os critérios para a escolha do material para sua disciplina e conforme o que considera importante para sua prática. Entretanto, seja em grupo, seja individualmente, alguns critérios de escolha precisam ser estabelecidos, como: o referencial teórico da obra; a estrutura dos temas quanto à sequência e à pertinência; a quantidade e a qualidade das atividades propostas; o conteúdo dos textos complementares e sua pertinência em relação ao tema maior; a qualidade e a adequação das ilustrações; a sequência de conteúdos da coleção, tendo em vista que é importante realizar, de um ano para outro, o encaminhamento para conteúdos das séries seguintes; a qualidade do livro como fonte de consulta para as atividades que serão desenvolvidas pelo aluno naquela série. Esses são somente alguns pontos elencados, mas você pode eleger outros que considere relevantes na observação das obras e em função das características do grupo de alunos com o qual atua, se for esse seu caso.

Os professores de Física, em geral, escolhem as obras sozinhos. O motivo é que, na maioria dos colégios de pequeno ou médio porte, existe apenas um professor da área. Por isso, é importante usar o guia digital e comparar as obras que foram disponibilizadas no colégio. Como o mundo está mais digital, também existe a preocupação em escolher uma obra que ofereça essa possibilidade de interação do aluno com o material.

Mesmo que não haja outro professor da área no colégio, é fundamental conversar com colegas professores de Física de outras escolas ou com ex-companheiros de graduação para trocar informações sobre as obras. Os cursos e as reuniões de formação pedagógica são ótimas oportunidades para fazer contatos com profissionais da área; assim, posteriormente, é possível procurá-los para trocar informações e experiências.

O ciclo das coleções de ensino médio é de três anos. Por isso, uma escolha ruim significa desperdício de dinheiro público e de tempo, visto que, se a obra for falha, terá sempre de ser completada pelo professor no momento da aula.

Por sua vez, nos colégios particulares, a situação é outra. A equipe diretiva ou pedagógica escolhe uma editora com a qual trabalhar e utiliza os materiais que atendem melhor sua clientela. As apostilas, em geral, correspondem ao conteúdo escolhido. Diferentemente do que ocorre com o livro, o cuidado com esse material está na sequência dos conteúdos, que se apresentam compartimentados, o que pode fazer com que o aluno não perceba as relações entre os conteúdos de forma adequada. De qualquer maneira, os colégios particulares não são atendidos pelo PNLD.

1.4 Análise de livros didáticos de Física

Como professor(a), em vários momentos de sua carreira, para realizar seu PTD, você precisará escolher os materiais que usará em suas aulas como referência e complementação de conteúdos e, ainda, como referência para atividades teóricas contextualizadas e atividades práticas. Podem ser coleções aprovadas no PNLD, apostilas e livros de editoras utilizados pelo colégio particular em que venha a trabalhar, bem como livros paradidáticos para projetos interdisciplinares ou para projetos de leitura interdisciplinar. Independentemente da situação, alguns critérios devem ser considerados no momento de comparar materiais.

Você pode começar sua análise respondendo a perguntas como as listadas a seguir:

1. Qual é o objetivo da escola (vestibular, formação técnica, formação artística etc.)? O PPP do colégio contém essa informação. Dependendo do objetivo, mais ou menos conteúdos gerais ou específicos devem constar no planejamento.
2. De quanto tempo se dispõe (bimestre, trimestre, semestre)? Quanto mais dividido for o ano de trabalho, menos tempo para trabalhar os conteúdos. Isso porque sempre existe um número de avaliações por período que acabam diminuindo o tempo dedicado

ao ensino dos conteúdos. Geralmente, as avaliações são seguidas de recuperações paralelas. E, afora as avaliações, feriados, reuniões pedagógicas e outras datas, previstas em calendário escolar, devem ser observados para a elaboração adequada do PTD.

3. Quais conteúdos têm de ser lecionados (por série, por período)? Qual é o nível de aprofundamento do conteúdo? Algumas escolas oferecem cursos técnicos e, neles, a abordagem do conteúdo regular é superficial. Isto é, as aulas de Física utilizam pouca matemática, além de apresentarem conteúdos voltados para aplicações diretas no conteúdo técnico ou cotidianas.

4. Como o conteúdo do livro ou apostila deve estar organizado? Os livros de Física contemplam uma sequência de conteúdos que vai da cinemática, no 1º ano, até a física moderna, no 3º ano do ensino médio. Existem livros que fogem a essa regra; as abordagens, porém, são diversas. Alguns usam mais a matemática, resolução de problemas e dedução de fórmulas. Outros são mais voltados para a parte teórica e as aplicações da física. Existem também aqueles que lembram um resumo e apresentam problemas e questões básicas. No momento da escolha, esses detalhes devem ser observados nas obras, a fim de selecionar aquela que melhor atende às necessidades do público-alvo da escola.

5. Em que medida se pretende usar o livro como apoio para a elaboração das aulas? Em que medida e como se pretende que o aluno use o livro? É possível que alguns professores procurem um guia e prefiram se concentrar na explicação e na resolução de exercícios variados. Os capítulos do livro correspondem ao conteúdo de aula e a explicação, nesse sentido, está limitada ao texto que integra o livro escolhido. Assim, essa obra é fonte tanto para a consulta da teoria quanto para a realização de exercícios por parte dos alunos. Ainda, é possível que o professor apenas faça um resumo do tema para o aluno, pois prefere planejar a aula utilizando várias fontes, além de elaborar problemas e questões. Outra possibilidade é lecionar para um curso técnico, no qual a abordagem pode ocorrer por meio de textos sobre aplicações e curiosidades de física ou, mesmo, pela utilização de livros paradidáticos aliados a um projeto interdisciplinar.

Como exemplos de alguns livros utilizados em colégios públicos e particulares, citamos:

- *Física em contextos*, de Maurício Pietrocola e outros autores (Editora do Brasil);
- *Física*, de Wilson Carron, José Roberto Piqueira e Osvaldo Guimarães (Editora Ática);
- *Compreendendo a Física*, de Alberto Gaspar (Editora Ática);

- *Física: contextos e aplicações*, de Antônio Máximo, Beatriz Alvarenga e Carla Guimarães (Editora Scipione);
- *Ser protagonista – Física*, de Ana Fukui, Madson de Melo Molina e Venerando Santiago de Oliveira (Editora SM);
- *Física para o ensino médio*, de Yamamoto Kazuhito e Luiz Felipe Fuke (Editora Saraiva);
- *Física*, de Gualter José Biscuola, Ricardo Helou Doca e Newton Villas Boas (Editora Saraiva);
- *Física: interação e tecnologia*, de Aurélio Gonçalves Filho e Carlos Toscano (Editora Leya);
- *Física aula por aula*, de Claudio Xavier e Benigno Barreto (Coleção 360°, Editora FTD);
- *Física*, de José Roberto Bonjorno e outros autores (Editora FTD).

Você pode perceber que não há falta de materiais, o que reitera a importância de assumir alguns critérios, que podem estar ligados a um modo particular de praticar a licenciatura em Física ou a aspectos específicos do local de trabalho.

A intenção desta seção não é analisar detidamente os livros, mas possibilitar que você, leitor, reflita sobre a importância da escolha de um livro de Física para o ensino médio, concentrando-se em estabelecer critérios fidedignos que embasem essa seleção. Para tanto, é recomendado visitar os *sites* do FNDE, na seção "Programa do Livro", e do MEC, que apresenta a legislação do PNLD. Na página do FNDE está disponível o parecer técnico da maioria das obras recém-citadas e esse pode ser um ponto de partida para sua análise das obras.

Silva, Garcia e Garcia (2011) realizaram uma pesquisa sobre o uso do livro didático no ano da primeira distribuição para a disciplina de Física. Eles perguntaram aos alunos, no início do ano, sobre as expectativas com relação ao uso do material e, no final do ano, questionaram novamente os alunos para descobrir como se caracterizou esse uso. Os autores constataram que os alunos não consideravam o livro didático como um recurso privilegiado. A disponibilidade não trouxe outros modos de ação em sala de aula realizados por professores ou alunos, tampouco fora dela como material de apoio. Uma minoria dos alunos manifestou entender o material como útil para acompanhar as aulas, como apoio aos estudos e à resolução de problemas ou como referência para aprofundar os temas trabalhados em sala.

Os alunos do 1º ano vêm de um contexto de disponibilidade de livros didáticos, pois o PNDL atende ao ensino fundamental desde 1985. Nessa pesquisa, ficou evidente que esses alunos foram os que mais utilizaram o livro didático. Como explicam os autores, "mantém-se, portanto, apesar da presença dos livros nas escolas, a prática de organizar o ensino por meio de explicações, anotações no quadro e resolução de exercícios apresentados pelo professor, no caderno" (Silva; Garcia; Garcia, 2011).

Por fim, os pesquisadores concluíram que os cursos de formação de professores discutem como trabalhar temas, mas não como empregar os materiais disponíveis – nesse caso, o livro. Eles apontam, também, que a seleção dos conteúdos e dos exercícios ministrados influencia na maneira como o aluno utiliza o livro. A frequência do uso do material pelo professor é outro fator que impacta o emprego do livro didático (Silva; Garcia; Garcia, 2011).

1.5 Análise de textos e experimentos de Física

A abordagem dos conteúdos pode ser realizada com a utilização de textos e experimentos. Assim como no caso dos livros didáticos, o professor precisa ter um objetivo claro e critérios para escolhê-los.

Tais textos podem aparecer no próprio livro didático como textos complementares, curiosidades e atividades interdisciplinares. Ainda, podem figurar como capítulos ou seções de livros diversos, bem como artigos científicos ou revistas de conteúdo geral, ou estar presentes em conteúdos digitais (*sites*, *blogs*, entre outros). O importante é que, uma vez escolhido o texto, um planejamento seja feito para aproveitar ao máximo o potencial do conteúdo. Quanto mais complexo o texto, melhor deve ser o planejamento.

Esses textos podem servir para a realização de seminários pelos alunos ou debates em sala de aula, como ponto de partida para pesquisas mais aprofundadas sobre um tema, como textos introdutórios ou de fechamento de conteúdo, como apoio a atividades práticas etc.

A literatura paradidática e a literatura de divulgação científica são muito ricas. Tanto cientistas renomados internacionalmente quanto pesquisadores comprometidos com a divulgação da ciência têm escrito textos acessíveis para leigos. Tais textos são ótimas possibilidades de abordar temas complexos em física – ou qualquer outra área da ciência – e são transpostos por esses autores de forma simplificada, sendo de fácil leitura. Podemos citar como exemplos:

- *50 ideias de física quântica que você precisa conhecer*, de Joanne Baker (Editora Planeta) – A autora utiliza quatro páginas na descrição de cada tema para dar uma ideia sobre os 50 assuntos abordados no livro. O tamanho do texto é ideal para a leitura em sala de aula. Com base nele, pode-se elaborar questões, propor debates, realizar seminários etc.
- *Leituras de física*, do Grupo de Reelaboração do Ensino de Física (Gref) (Editora da USP) – Nessa obra, os autores tratam os conteúdos de forma

contextualizada e incluem questionamentos interdisciplinares e experimentos.

- *Física lúdica: práticas para o ensino fundamental e médio*, de Paulo Henrique Souza (Editora Cortez) – Nessa obra, o autor apresenta vários experimentos fáceis de serem reproduzidos pelos alunos, fornecendo o passo a passo por meio de explicações curtas.
- *Física mais que divertida: inventos eletrizantes baseados em materiais reciclados e de baixo custo*, de Eduardo de Campos Valadares (Editora da UFMG) – Esse livro apresenta vários experimentos com diferentes graus de dificuldade e explicações mais elaboradas.

Há, ainda, uma diversidade de textos disponíveis que podem ser utilizados pelos professores, principalmente por aqueles que estão em formação inicial, como:

- *Os grandes experimentos científicos*, de Michel Rival (Jorge Zahar Editor);
- *Uma breve história da ciência*, de Patricia Fara (Editora Fundamento);
- *História da teoria quântica*, de Roberto de Andrade Martins e Pedro Sérgio Rosa (Editora Livraria da Física);
- *Lições de física*, de Richard Feynman, Robert Leighton e Matthew Sands (Editora Bookman);

- *O universo numa casca de noz*, de Stephen Hawking (Editora Bantam Spectra);
- *Ciência e fé: cartas de Galileu sobre o acordo do sistema copernicano com a Bíblia*, de Galileu Galilei (Editora Unesp);
- *Evolução das ideias de física*, de Antonio S. T. Pires (Editora Livraria da Física);
- *Einstein: sua vida, seu universo*, de Walter Isaacson (Editora Companhia das Letras).

Assim, para efetuar uma boa escolha, é preciso procurar por autores das áreas de física ou ciências – dependendo do tema abordado – e analisar se a profundidade da discussão no texto é adequada à série com a qual se está trabalhando. O tamanho desses textos também importa, pois alguns podem ser trabalhados em uma única aula, enquanto outros requerem a realização de debates por meio de leituras e atividades diversificadas ao longo de várias aulas.

Cada texto, artigo, capítulo de livro etc. estimula um tipo determinado de atividade. Por isso, fazer uma leitura atenta do material é o caminho mais coerente para se produzir um planejamento adequado. Nessa leitura, pode-se perceber se o texto é complexo demais, se precisa de uma introdução explicativa do professor, se pode ser utilizado de forma interdisciplinar, se fornece conteúdo para várias atividades ou se serve somente como introdução a algum tema, entre outras possibilidades.

O uso de experimentos, por seu turno, também figura em caráter introdutório, podendo ocorrer mediante um trabalho de pesquisa e experimentação realizado pelos alunos ou por meio de uma prática de laboratório em grupos. Ainda, existe a possibilidade de trabalhar com simuladores *on-line* de experimentos. Cabe destacar que, quando o experimento é efetuado pelo professor, a escolha depende do conteúdo e de materiais disponíveis em seu acervo pessoal ou no laboratório do colégio. Contudo, quando sua realização compete ao para o aluno, o ideal é propor construções que não ofereçam risco de acidentes.

No caso de a proposta for um trabalho de pesquisa com montagem e realização do experimento pelo grupo de alunos, é necessário fazer recomendações quanto àquilo que não se pode usar nas montagens. Materiais recicláveis são sempre boas escolhas; substâncias inflamáveis, por outro lado, devem ser evitadas.

Na lista de literatura recém-indicada, apresentamos duas sugestões de obras que trazem somente experimentos (em *sites* de universidades é possível verificar outras propostas e montagens). A testagem dos experimentos antes de sua execução na presença dos alunos é imprescindível, principalmente se forem feitas alterações de materiais. Com uma boa pesquisa, pode-se encontrar o mesmo experimento realizado com outros materiais em *sites*, artigos de revista, livros *on-line* e *blogs* de professores de Física.

Outra fonte de experimentos é o próprio livro didático, sobretudo nas seções de textos complementares. Nesse casos, listam-se materiais acessíveis aos alunos, e os experimentos podem ser feitos em casa. Novamente, a intenção do experimento é que vai determinar o tipo de experiência e a pessoa que deve realizá-la.

Todavia, utilizar experimentos requer uma reflexão sobre seu uso. Os licenciados nas áreas de ciências, em geral, entendem as práticas de laboratório e os experimentos como auxiliares nos processos de aprendizagem de conceitos, mas nem sempre os professores têm à disposição os materiais, mesmo em escolas com laboratório. Além disso, há uma ideia de que a experimentação é a prova real das ciências, e historicamente sabemos que isso não é verdade. Assim, a experimentação precisa ter um propósito claro. Do contrário, é apenas mais uma aula deslocada e que transmite a ideia de que a ciência depende só daquilo que pode ser observado e comprovado por meio de experimentação.

Francisco Junior e Santos (2011) investigaram o uso de vídeos de experimentos em aulas de Química, por ser esta uma abordagem possível para a Física. Licenciados em Química responderam a um questionário sobre a utilização da experimentação em tempo real e da experimentação por vídeos. Os participantes da pesquisa apontaram três fatores que influenciam na escolha: (1) a falta de laboratórios nas escolas; (2) o perigo da realização de certos experimentos; (3) a redução de tempo e de custos dos experimentos. Assim, conforme esse estudo, os vídeos de demonstrações ou de experimentos se mostraram potencialmente interessantes na abordagem de conteúdos de Física que apresentam as mesmas dificuldades que os experimentos de Química, configurando-se como uma oportunidade de explorar melhor o conteúdo que se quer abordar. Contudo, os entrevistados revelaram que a desvantagem é, justamente, o fato de o aluno não entrar em contato com a prática de forma direta.

Sobre esse contato com a prática, Séré, Coelho e Nunes (2003, p. 40) descrevem os pontos fortes do uso da experimentação:

> Elas permitem o controle do meio ambiente, a autonomia face aos objetos técnicos, ensinam as técnicas de investigação, possibilitam um olhar crítico sobre os resultados. Assim, o aluno é preparado para poder tomar decisões na investigação e na discussão dos resultados. O aluno só conseguirá questionar o mundo, manipular os modelos e desenvolver os métodos se ele mesmo entrar nessa dinâmica de decisão, de escolha, de inter-relação entre a teoria e o experimento.

Por sua vez, Arruda e Laburú (1998) questionam essa ideia da experimentação como prova da teoria de leis físicas, explicando que há uma imagem da ciência na qual, a partir da experimentação, leis e teorias são criadas, ou que leis e teorias têm origem na observação da natureza e, por isso, a experimentação é o que valida uma lei ou teoria. Para os autores, o professor e o aluno precisam estar cientes de que na

> história do desenvolvimento do pensamento científico, [...] podemos observar que nenhuma de suas grandes teorias ou princípios fundamentais surgiu da observação direta [...] nenhum cientista vai para o laboratório sem saber o que quer medir ou observar [...] as medidas realizadas só adquirem significado após interpretadas pelas teorias que dão suporte ao equipamento e as teorias de erro. (Arruda; Laburú, 1998, p. 56)

Portanto, a experimentação pode promover, entre outros efeitos, um entendimento errado do que é fazer ciência.

Radiação residual

Neste capítulo, o tema central foi o ensino de Física. Consideramos sua história por meio de documentos orientadores e propusemos uma análise dos materiais e das práticas correlacionadas à área. A Física começou a ser construída como disciplina no Brasil a partir da identificação de necessidades administrativas e militares no período imperial, a fim de subsidiar o ensino de engenharia. Com o passar dos anos e com a mudança dos contextos históricos, a ênfase em conteúdos e/ou práticas foi sofrendo alterações.

Desde 1837, no Imperial Colégio de Pedro II, *kits* de demonstração eram utilizados. Em um primeiro momento, o conteúdo da disciplina teve como referência textos franceses e, posteriormente, as ideias e técnicas pedagógicas dos Estados Unidos. Tais modelos não condiziam com a realidade brasileira, pois, em termos de evolução, o Brasil estava caminhando para modelos de sociedade que tinham sido superados pelos países de referência.

Contudo, iniciativas como a criação do IBECC, por parte da Unesco no Brasil, promoveram um movimento de estudos pedagógicos e práticas em ciências e, consequentemente, em Física. Atualmente, temos acesso a teorias, práticas e materiais que possibilitam uma variedade de realizações voltadas às mais diversas finalidades. Depois de várias reformas, leis e decretos, desde 2018, a BNCC tem norteado os currículos brasileiros.

Entre os documentos oficiais, as DCN estão diretamente ligadas ao PTD, que organiza os tempos e os conteúdos no decorrer de um ano. Para isso, o PTD considera, além das DCN, o PPP da escola e também conta com o PNLD como apoio à prática educativa.

A escolha do livro didático é feita pelos professores a partir de obras selecionadas e avaliadas pelo FNDE, por meio de editais coordenados pelo Ministério da Educação.

A escolha do livro didático, dos textos complementares e dos experimentos precisa seguir critérios que podem ser os que constam nos documentos oficiais, aqueles referentes à prática do professor ou, ainda, os que dizem respeito às condições do grupo de alunos ou do curso atendidos.

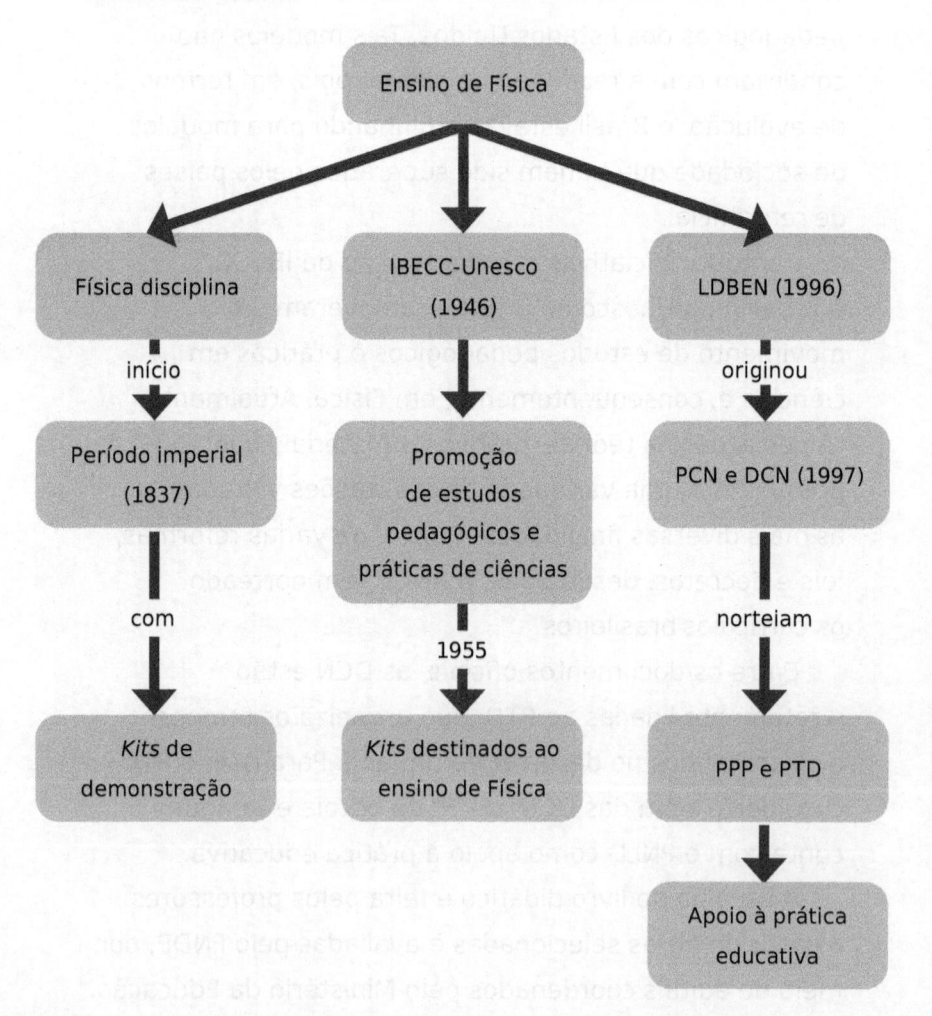

```
                          Ensino de Física
                    ↙           ↓           ↘
        Física disciplina   IBECC-Unesco    LDBEN (1996)
                              (1946)
             │ início           │ 1955         │ originou
             ↓                  ↓              ↓
        Período imperial   Promoção        PCN e DCN (1997)
            (1837)         de estudos
                           pedagógicos e
                           práticas de ciências
             │ com                             │ norteiam
             ↓                  ↓              ↓
        Kits de            Kits destinados   PPP e PTD
        demonstração       ao ensino de
                           Física              │
                                               ↓
                                          Apoio à prática
                                          educativa
```

Testes quânticos

1) Na época do Império Português, a Academia Real Militar e a Academia Real da Marinha eram instituições de nível superior voltadas para quais necessidades?
   a) Comerciais.
   b) De ensino e cultura.
   c) Administrativas e militares.
   d) De formação básica.
   e) De formação universitária.

2) Qual foi a reforma que incluiu as disciplinas científicas no ensino médio?
   a) A reforma de Rivadavia Corrêa, de 1911.
   b) A reforma de Benjamin Constant, de 1891.
   c) A reforma de 1931.
   d) A Lei n. 9.394/1996.
   e) A Medida Provisória n. 746/2016.

3) Assinale V (verdadeiro) ou F (falso) para as afirmações a seguir sobre o PTD:
   ( ) O PTD deve ser realizado pelo professor em todo começo de ano letivo.
   ( ) O PTD tem de considerar as DCN e o PPP da escola.
   ( ) Em suas especificações, os conteúdos estruturantes do PTD são divididos em: movimento, termodinâmica e eletromagnetismo.

( ) Os conteúdos específicos do PTD constam no PPP da escola.

( ) Não é necessário citar as referências utilizadas.

Agora, assinale a alternativa que corresponde corretamente à sequência obtida:

a) F, V, F, F, F.
b) F, V, V, V, V.
c) F, V, V, F, V.
d) V, V, V, F, F.
e) V, F, F, V, F.

4) Quanto ao PNDL, assinale a alternativa correta:
   a) As obras são indicadas pelas editoras para a escolha do professor.
   b) O PNDL distribui livros de Física desde 1985.
   c) O PNDL não disponibiliza material para a alfabetização de jovens e adultos ou para alunos com condições especiais.
   d) O PNDL não inclui *softwares* e jogos educacionais, materiais de reforço e correção de fluxo, materiais de formação e materiais destinados à gestão escolar, entre outros.
   e) O FNDE, desde 1997, é o responsável pela avaliação técnica das obras e disponibiliza em seu portal o *Guia digital das obras didáticas*, em que constam os respectivos pareceres técnicos.

5) Sobre a experimentação, considerando-se os argumentos de Arruda e Laburú (1998), é correto afirmar:

   a) A experimentação serve como prova das teorias e leis físicas. A partir da experimentação, leis e teorias são criadas.

   b) A experimentação permite o controle do meio ambiente e fornece autonomia em relação aos objetos técnicos, além de ensinar técnicas de investigação e possibilitar a formação de um olhar crítico sobre os resultados.

   c) A experimentação é o que valida uma lei ou teoria.

   d) Nenhuma das grandes teorias ou princípios fundamentais da física surgiu da observação direta. É preciso considerar que as medidas realizadas só adquirem significado depois de interpretadas pelas teorias que dão suporte ao equipamento e às teorias de erro.

   e) Na experimentação, o aluno é preparado para tomar decisões na investigação e na discussão dos resultados.

Interações teóricas

Questões para reflexão

1) Você conhece os documentos oficiais na área da educação? Leia a LDBEN (Lei n. 9.394/1996), os PCN, as Diretrizes Curriculares da Educação Básica de seu estado para a disciplina de Física, bem como

as orientações sobre o PNLD. Uma pesquisa simples apontará os *sites* que permitem o acesso a esses documentos. Depois, elabore um mapa mental no qual você identifique os pontos que influenciam diretamente sua prática em sala de aula.

2) Você pretende usar experimentos e textos científicos em seus direcionamentos didáticos? Como? Caso atue como professor, qual é sua percepção sobre o uso desses instrumentos? De que maneira se pode fazer um trabalho mais frutífero? Por meio de experimentos ou por meio de textos?

Atividade aplicada: prática

1) Elabore um PTD para uma das séries do ensino médio. Use o modelo do Quadro 1.1 e construa uma tabela em Word ou Excel com os elementos descritos, preenchendo cada campo. Leve em conta as Diretrizes Curriculares da Educação Básica para o ensino de Física de seu estado, bem como o PPP da instituição. Considere que o sistema de avaliação corresponde a três avaliações com recuperações paralelas. Tais avaliações são divididas em dois trabalhos valendo 3,0 pontos e uma prova trimestral valendo 4,0 pontos. Não se esqueça de escolher o livro didático do PNLD que será utilizado como referência. Para isso, consulte a página do FNDE, na seção "Programa do Livro", e confira as obras do *Guia digital das obras didáticas*.

Estratégias de ensino

2

Nas salas de aula, em razão da diversidade percebida, surge a necessidade de buscar subsídios nas teorias de aprendizagem, bem como o reconhecimento de que os conceitos podem levar a uma melhor abordagem dos conteúdos, considerando-se o grupo de estudantes para o qual se está lecionando.

Sob essa ótica, neste capítulo, veremos algumas teorias de aprendizagem e como estas conjugam os processos de aprendizagem. Também abordaremos algumas metodologias que se baseiam nessas teorias. Para que o processo de ensino-aprendizagem alcance seus objetivos, é importante saber aplicar as teorias de aprendizagem e as metodologias de ensino de forma diversificada.

2.1 Teorias de aprendizagem

As abordagens ou enfoques teóricos sobre aprendizagem e ensino consistem em visões do processo de ensino-aprendizagem que buscam explicar como e em que condições os indivíduos aprendem, procurando estabelecer uma relação entre a psicologia e os processos de aprendizagem. Tais abordagens correspondem ao comportamentalismo, ao humanismo e ao cognitivismo.

No **comportamentalismo** (ou **behaviorismo**), segundo Lefrançois (2008), existem dois modelos teóricos de aprendizagem: (1) o condicionamento clássico, que consiste na associação entre um estímulo e uma resposta e que envolve alguma espécie de conexão com o sistema nervoso central, resultando em uma mudança de comportamento; e (2) o condicionamento operante, que se refere à repetição de um ato que causa um resultado agradável (reforço positivo), aumentando a probabilidade de ocorrência desse ato. Ivan Pavlov e John Watson, por exemplo, são pesquisadores do condicionamento clássico; Edward Thorndike e B. F. Skinner, do condicionamento operante.

Ivan Petrovich Pavlov (1849-1936) foi um eminente fisiólogo russo que, ao estudar o comportamento de cães (Figura 2.1), percebeu que determinados estímulos provocavam reações comportamentais e que havia uma relação entre estímulo e resposta. Pavlov notou que a associação de um estímulo neutro a um estímulo potencial resultava na mesma resposta e que isso acontecia porque o indivíduo percebia a relação entre os estímulos. Assim, ele concluiu que o reflexo condicionado influencia o comportamento e influenciaria, também, a educação (Prado; Buiatti, 2016).

Figura 2.1 – Experimento de estímulo-resposta de Pavlov

Conforme Moreira (2011), John Broadus Watson (1878-1958) é considerado o fundador do behaviorismo no Ocidente. Ele buscava identificar aspectos observáveis do comportamento para relacionar estímulo, resposta e consequências. Utilizava os conceitos de frequência e recentidade para explicar que o processo de aprender envolve uma sequência apropriada de palavras associada a uma pergunta ou outro estímulo condicionado. Watson levou em conta o corpo como um todo e descartou o mentalismo (que caracteriza a mente como realidade criadora).

Já na teoria de Edward Lee Thorndike (1874-1949), o princípio básico é o reforço (positivo ou negativo), considerando-se que a formação de ligações estímulo-resposta é acompanhada de conexões neurais. Thorndike elaborou leis principais e subsidiárias para explicar sua concepção de aprendizagem, entre elas a lei do efeito, que apresenta a ideia de reforço pelo fortalecimento ou pelo enfraquecimento de uma conexão como resultado de suas consequências, o que está atrelado àquilo que é ou não aprendido (Moreira, 2011).

Burrhus Frederic Skinner (1904-1990) foi influenciado por Watson e Pavlov em relação às formas de condicionamento dos organismos. Além de ter estudado o comportamento de ratos e pombos, Skinner acreditava no controle do comportamento por meio do reforço positivo. Ainda, realizou experimentos com associação de respostas e estímulos por meio de reforços positivos e negativos (Prado; Buiatti, 2016).

No **humanismo**, o objetivo é o crescimento pessoal do aluno. Nessa abordagem, o ensino engloba as aprendizagens afetiva, cognitiva e psicomotora e o professor é um facilitador para a autorrealização de seu aluno. Os grandes expoentes da abordagem humanista são os psicólogos Carl Rogers, Henri Wallon e Abraham Harold Maslow.

Carl Ransom Rogers (1902-1987) está ligado à psicologia clínica, ao aconselhamento e a estudos da pessoa. A abordagem humanista rogeriana aponta para a aprendizagem centrada na pessoa. Em seu contexto, considera três tipos gerais de aprendizagem: cognitiva, afetiva e psicomotora. Para ele, uma aprendizagem significativa engloba esses três tipos e é governada por uma série de princípios de aprendizagem.

A premissa básica de sua teoria é que o organismo tende à autorrealização; a busca dessa realização, porém, depende do entendimento do indivíduo sobre sua realidade (campo perceptual). A transposição de seus princípios para o contexto escolar se faz por meio de uma abordagem centrada no aluno e em sua potencialidade de aprender. Contudo, Rogers, em 1969, ponderou sobre a aplicabilidade de seus princípios e técnicas e concluiu que os alunos não estariam preparados para tirar o professor do centro de seu processo de aprendizagem (Moreira, 2011).

Os estudos de Henri Paul Hyacinthe Wallon (1879-1962) dão ênfase às questões emocionais e à afetividade no processo de ensino-aprendizagem. Em seu entendimento, fatores biológicos, condições de existência e características individuais são fatores interdependentes. Para Correia e Silva (2016), a contribuição de Wallon se refere à reflexão sobre os papéis da escola e do professor, no sentido de entender o estudante como um ser integral. Sob essa perspectiva, o ambiente educacional deveria considerar não só os aspectos intelectuais, mas também os emocionais e os afetivos.

Silva (2007) comenta sobre a trajetória de Wallon e seu engajamento nos temas da educação.
Wallon e o físico Paul Langevin escreveram, em 1947, um projeto de reforma educacional para o sistema de ensino francês que não foi aplicado. Segundo Silva (2007), nesse projeto, entendia-se o aprendizado como uma tarefa do estudante e propunha-se a concessão de auxílio financeiro para os alunos. A respeito da tarefa de aprender, para Wallon, a responsabilidade é um fator importante e deve ser promovida na adolescência. Dourado e Prandini (2012) explicam que, para Wallon, um adolescente responsável tem êxito em suas ações e busca realizá-las em prol do coletivo ou do grupo. O professor, nesse processo, é o mediador do acesso à cultura, objetivando o cultivo das aptidões.

Abraham Harold Maslow (1908-1970) associa a motivação à satisfação de necessidades e propõe uma hierarquia de tipos de necessidades, conhecida como *pirâmide ou teoria de Maslow*, em cuja base estão as necessidades fisiológicas, em seguida, vêm as necessidades de segurança, sociais e de estima e, no topo, as necessidades de autorrealização (Figura 2.2).

Figura 2.2 – Pirâmide de Maslow

Nível	Descrição	Necessidade
5	moralidade, criatividade, espontaneidade, resolução de problemas, ausência de preconceito, aceitação dos fatos	Necessidades de autorrealização
4	autoestima, confiança, realização, respeito dos outros, respeito pelos outros	Autoestima
3	amizade, família, intimidade sexual, senso de conexão	Amor e pertencimento
2	segurança do corpo, emprego, recursos, moralidade, família, saúde, propriedade	Segurança e proteção
1	respiração, comida, sexo, sono, homeostase, excreção	Necessidades fisiológicas

Pyty/Shutterstock

Na administração, na área de comportamento organizacional e gestão do conhecimento, essa teoria é utilizada em ações relacionadas à prospecção de clientes e de funcionários. Entender as necessidades do público-alvo (clientes ou novos funcionários) oferece uma vantagem competitiva e direciona as estratégias de forma mais assertiva. Se transposta para a educação, a ideia original da teoria de Maslow permanece a mesma: compreender as necessidades do grupo de alunos ou da comunidade escolar e traçar as estratégias necessárias aos objetivos propostos, buscando-se a motivação nas necessidades percebidas. Assim, nessa perspectiva, o papel do professor é o de motivador. Santos et al. (2016, p. 36) lembram que "o ser humano está em níveis diferentes na hierarquia motivacional em diferentes épocas [...]. A motivação resulta da possibilidade de agir, se sentir realizado e ser reconhecido por seus atos".

No **cognitivismo** (ou **construtivismo**), a ênfase está no desenvolvimento cognitivo, considerando-se, para tanto, o contexto social e histórico. O aluno é entendido como construtor do próprio conhecimento, enquanto o professor participa criando situações desafiadoras e buscando condições de reciprocidade e cooperação por meio de metodologias construtivistas (esquemas mentais, solução de problemas, pesquisa, investigação, trabalho em equipe, jogos, entre outras). São adeptos dessa abordagem grandes psiquiatras, epistemólogos e psicólogos, como David Ausubel, Jean Piaget, Lev Vygotsky e Robert Gagné.

David Paul Ausubel (1918-2008) foi um psiquiatra que se dedicou à psicologia educacional, focalizando a aprendizagem cognitiva. Para o autor, aprender significa organizar e integrar novas ideias e conceitos ancorando-os em conceitos já aprendidos, sendo que, nesse processo de interação, modificações relevantes nos atributos da estrutura cognitiva serão influenciadas pelo novo material. Conforme Ausubel, quando uma nova informação se ancora em conceitos ou proposições relevantes, ela é armazenada de forma organizada e assimilada a conceitos mais gerais, fornecendo a base para a aquisição de novas informações e mudanças nos atributos da estrutura cognitiva (Moreira, 2011).

Estão associados à teoria de Ausubel os conceitos de **subsunçor** – estrutura de conhecimento específica existente na estrutura cognitiva do indivíduo – e de **organizadores prévios** – materiais introdutórios apresentados antes do material a ser aprendido, que servem para manipular a estrutura cognitiva e facilitar o desenvolvimento de subsunçores juntamente com a **aprendizagem significativa** e que são apresentados em um nível mais alto de abstração, generalidade e inclusividade (Moreira, 2011). O papel do professor nessa teoria envolve quatro tarefas:

1. identificar a estrutura conceitual e proposicional da matéria de ensino;
2. identificar os subsunçores relevantes à aprendizagem do conteúdo a ser ensinado;
3. diagnosticar aquilo que o aluno já sabe;
4. ensinar utilizando recursos e princípios que facilitem a aquisição da estrutura conceitual da matéria de ensino de uma maneira significativa.

Assim, Ausubel considera a estrutura cognitiva preexistente e a organização da matéria de ensino como as preocupações principais no planejamento da instrução (Moreira, 2011).

Força nuclear!

O termo *aprendizagem significativa* tem sentidos diferentes para Rogers e Ausubel. Rogers entende que a aprendizagem é o resultado da soma das aprendizagens cognitiva, afetiva e psicomotora, governadas por princípios de aprendizagem. Já para Ausubel, ela resulta da estrutura cognitiva preexistente e da organização da matéria de ensino.

A teoria de Jean William Fritz Piaget (1896-1980), epistemólogo suíço, não corresponde a uma teoria de aprendizagem, mas de desenvolvimento mental. Seu construtivismo está nos conceitos-chave de assimilação, acomodação e equilibração. Piaget não enfatiza o conceito de aprendizagem, mas menciona a expressão *aumento de conhecimento*, analisando como isso ocorre: só há aprendizagem (**aumento de conhecimento**) quando o esquema de **assimilação** sofre **acomodação**. Piaget considera parte da ação tudo aquilo que integra o comportamento (motor, verbal e mental). Nessa teoria, o papel do professor é ativo, no sentido de que vai em busca de passagens gradativas, utilizando ações e demonstrações, de modo a proporcionar situações de desequilíbrios artificiais que conduzam o aluno a reconstruir a realidade (Moreira, 2011).

Piaget defende que o crescimento cognitivo da criança ocorre por assimilação e acomodação. O indivíduo constrói esquemas de assimilação mentais para abordar a realidade. Quando os esquemas não são assimilados pela criança (ou pelo adulto), a mente desiste ou se modifica; nesse cenário acontece o que Piaget chama de *acomodação*. Por meio de novas experiências e novos esquemas de assimilação, novas acomodações e adaptações ocorrem, e a mente segue nesse processo de adaptação e equilibração buscando aplicá-los à realidade. Nessa ótica, para Piaget, a organização desse processo envolve modelos matemáticos de grupo e rede (Moreira, 2011).

Lev Semenovitch Vygotsky (1896-1934), psicólogo bielorrusso, explica o desenvolvimento cognitivo como ligado às questões de contexto social, histórico e cultural. Para ele, o desenvolvimento cognitivo diz respeito à conversão de relações sociais em funções mentais, e é por meio da socialização que se aprimoram os processos mentais superiores. Esses processos são mediados por instrumentos e signos e a apropriação (internalização) dessas construções sócio-históricas e culturais desenvolve a cognição do indivíduo. Em sua perspectiva, a **interação social** implica, no mínimo, duas pessoas trocando informações de forma recíproca e bidirecional, supondo um envolvimento ativo. Os mecanismos dessa interação são de difícil identificação, quantificação e qualificação (Moreira, 2011). Vygotsky utilizou o **método genético-experimental**, no qual empregava três técnicas de pesquisa: (1) introdução de obstáculos; (2) fornecimento de recursos externos para a solução de problemas; e (3) solicitação para resolver problemas que excediam o nível de conhecimento e habilidades. O psicólogo estudou experimentalmente o processo de formação de conceitos em crianças, adolescentes e adultos.

O conceito de **zona de desenvolvimento proximal** foi empregado por Vygotsky para analisar as capacidades do indivíduo em resolver problemas por si e sob orientação/colaboração, associando-se a essa zona as funções em processo de amadurecimento. Assim, o ensino é consumado por meio dos significados compartilhados entre professor e aluno. Portanto, sem interação social, sem intercâmbio de significados, não existe ensino, aprendizagem e desenvolvimento. Segundo o pesquisador, essa interação depende fundamentalmente do ato de falar (Moreira, 2011).

A teoria de Robert Mills Gagné (1916-2002) é baseada no **processamento de informações**. Ele diferencia *aprendizagem* de *maturação* da seguinte forma: a primeira se refere ao resultado da interação com o meio externo, enquanto a segunda requer crescimento interno. Assim, Gagné entende a aprendizagem também como um processo interno, que acontece "dentro da cabeça" do indivíduo. Os conceitos associados a essa teoria são **insumos (*inputs*)** e **exsumos (*outputs*)**, que representam, respectivamente, a estimulação proveniente do ambiente do indivíduo e a modificação observada do comportamento. Ambos os conceitos explicam, por meio da teoria de processamento da informação, o fenômeno da aprendizagem. No entendimento de Gagné, o papel do professor é promover a aprendizagem planejando a instrução e buscando influenciar processos internos para o alcance de objetivos (Moreira, 2011).

Segundo a descrição de Moreira (2011), Gagné explica a aprendizagem e a memória como um fluxo de informação que afeta os receptores do aprendiz e entra no sistema nervoso por intermédio de um registrador sensorial que codifica a informação e a envia para a memória de curta duração e, se for para ser lembrada, para a memória de longa duração. Na sequência, esse fluxo passa por um gerador de respostas que o transforma em ação, provocando um efeito que representa se a informação foi ou não processada e se a aprendizagem ocorreu efetivamente.

A teoria de Gagné distingue os **resultados de aprendizagem** (informação verbal, habilidades intelectuais, estratégias cognitivas, atitudes e habilidades motoras) considerando os **processos internos** (motivação, apreensão, aquisição, retenção, rememoração, generalização, desempenho e retroalimentação) e os **processos de expectativa** (atenção – percepção seletiva, codificação – entrada de armazenamento, armazenamento de informação na memória, recuperação, transferência, resposta e reforço). Para o autor, esses processos correspondem a um **ciclo de aprendizagem** (Moreira, 2011).

Entre as teorias expostas, podemos perceber as distintas tentativas de explicar a aprendizagem por meio de processos internos e externos e modos de atuar para conseguir alcançá-la. Essas visões acabam contribuindo para a construção de uma percepção mais ampla e profunda da sala de aula. Muitos professores, embora utilizem essas teorias, por vezes não as associam às metodologias. Porém, estando ciente dos recursos metodológicos, é possível traçar estratégias de aprendizagem mais assertivas. Em grupos de estudantes heterogêneos, é importante saber propor atividades diversificadas, que potencializem o alcance dos objetivos de aprendizagem.

Cabe ressaltar que existem outras teorias além das descritas. Deixamos a recomendação para que você, leitor, procure ler um pouco mais sobre aquelas que indicamos, bem como sobre as que não foram contempladas aqui. Lembre-se de que o professor, por influência de sua formação, assume um modo de agir em sala de aula conforme as metodologias que foram utilizadas em seu processo de aprendizagem. Sob essa ótica, analisar o próprio processo de aprendizagem também contribui para o entendimento do que pode ou não promovê-la.

Nas próximas seções deste capítulo, focalizaremos as diversas metodologias e sua atuação no processo de ensino-aprendizagem, considerando-se uma ou mais teorias de aprendizagem.

2.2 Aprendizagem por modelos e analogias

Os modelos e as analogias são ferramentas utilizadas na educação em ciências. Os modelos representam de forma simplificada um sistema, e as analogias estabelecem relações entre conceitos científicos e conceitos familiares. Na modelagem, procura-se representar as características básicas de um sistema empregando objetos matemáticos ou figurativos. Já na analogia, comparam-se sistemas, funções e formas (Ferraz; Terrazzan, 2001; Veit; Teodoro, 2002).

Veit e Teodoro (2002) explicam que, na modelagem computacional de fenômenos físicos, a matemática representa e descreve os fenômenos naturais utilizando suas características essenciais, além de possibilitar múltiplas representações de determinado fenômeno, facilitando os estudos exploratórios individuais e em grupo. Para isso, os autores sugerem e analisam o *software* Modellus como um instrumento que dispensa a linguagem de programação, propiciando que o usuário escreva "modelos matemáticos expressos como funções, equações diferenciais, equações a diferenças finitas ou derivadas" (Veit; Teodoro, 2002, p. 90). Depois do modelo construído, o *software* elabora animações e tabelas.

Um exemplo de modelagem com um *software* básico é o estudo do movimento uniforme e uniformemente variado por meio do uso de uma planilha eletrônica, o Excel. As planilhas eletrônicas permitem a construção de tabelas e gráficos, além de trabalharem com múltiplas representações. Trata-se de um exemplo de *software* que pode ser utilizado também em dispositivos móveis e, por isso, sua manipulação em sala de aula é fácil. A prática deve ser pensada de forma que o aluno, depois de elaborar tabelas e gráficos, analise esses dados e faça a relação com o objeto de estudo – os tipos de movimento.

As discussões sobre modelização são realizadas por físicos, químicos, biólogos, matemáticos e filósofos da ciência. Pietrocola (1999) apresenta a concepção de Mario Bunge – físico e filósofo argentino, nascido em 1919, conhecido pela defesa do cientificismo, do racionalismo e do humanismo, bem como por suas críticas à pseudociência (Oliveira, 2019) – e discute as implicações dos modelos teóricos e dos objetos-modelo. O autor explica que, para Bunge, a modelização é uma instância mediadora que busca estabelecer a relação entre as teorias e os dados empíricos. Nessa perspectiva, os objetos-modelo guardariam uma relação de semelhança com os sistemas que pretendem representar, e os modelos teóricos seriam as representações da realidade produzidas pela junção das teorias gerais e dos objetos-modelo. Como exemplo, segundo a explicação de Bunge, podemos pensar na Lua, cujo objeto-modelo é um sólido esférico em rotação em volta de um ponto fixo, correspondente ao modelo teórico da teoria lunar e pertencente à teoria geral da mecânica clássica e da teoria gravitacional (Bunge, 1973 citado por Pietrocola, 1999). De acordo com Bunge, a construção de modelos trabalha a criatividade. Sob essa ótica, Pietrocola (1999, p. 225-226) conclui:

> Ao introduzirmos a modelização como objeto do ensino de Física estaremos instrumentalizando os alunos a representarem a realidade a partir das teorias gerais. [...] A possibilidade de comparação e a tomada de decisões sobre qual forma representar a realidade tornará os alunos mais críticos e mais capazes de desfrutar dos *insights* que tem apaixonado cientistas ao longo dos tempos.

Assim, uma metodologia voltada para desenvolver atividades de modelagem utiliza tanto os *softwares* e a matemática quanto a construção de maquetes, modelos em 3D, desenhos, diagramas e simulações. Contudo, segundo Mozzer e Justi (2015, p. 128, grifo do original), os modelos e as analogias andam juntos, pois "enquanto os modelos são **produtos** de um raciocínio analógico (**processo**), as analogias são **instrumentos** para a elaboração desses modelos (isto é, constituem parte essencial do processo).

Paz et al. (2006, p. 160, grifo do original) classificam os modelos em três categorias:

> **modelo representacional**, conhecido como maquete, sendo que é uma representação física tridimensional (ex. terrário, aquário, estufa etc.); **modelo imaginário**,

é um conjunto de pressupostos apresentados para descrever como um objeto ou sistema seria (ex. DNA, ligações químicas etc.) e o **modelo teórico**, que é um conjunto de pressupostos explicitados de um objeto ou sistema (ex. sistema solar, ciclo da chuva, ciclo do carbono etc.). Alguns modelos teóricos são expressos matematicamente.

Assim como existem outros autores e outras teorias de aprendizagem, certos estudiosos são tidos como referenciais teóricos para as questões sobre modelagem no ensino de Ciências, entre os quais podemos citar: Nancy Cartwright, Bas van Fraassen, Mary Hesse, Max Black, Carl Hempel, Ronald Giere, entre outros. Cada um tem uma visão sobre o que é um modelo, suas características, sua aplicabilidade e seus limites com relação ao que se quer representar. Todavia, o modelo não é capaz de apresentar todos os aspectos do fenômeno estudado e, quando é utilizado pelo professor, as limitações na representação também precisam ser discutidas (Barreto; Bejarano, 2013).

Bisognin e Bisognin (2012) estudaram as percepções de professores sobre o uso da modelagem matemática em sala de aula e apontaram para a necessidade de cursos de formação e vivência em atividades com modelagem. No caso da Matemática, os autores perceberam que, quando as práticas escolares conduzem para momentos de imprevisibilidade, os professores preferem não utilizá-las. Outro fator de tensão apontado foi o caráter interdisciplinar da modelagem, que supõe o conhecimento não só da matemática, mas de outras áreas. Os professores que realizaram a pesquisa entendem as potencialidades da modelagem para a aprendizagem docente e discente, mas compreendem também que, na prática, essa abordagem demanda tempo e planejamento e que, em virtude da dinâmica e das inseguranças suscitadas, ela pode se revelar uma prática exaustiva.

Agora, depois de discutir a modelagem, vamos voltar nossa atenção para o uso de analogias. Mozzer e Justi (2015) explicam que as analogias dependem de uma correspondência entre o alvo e o análogo e que, no mapeamento dos atributos, alguns são considerados e outros ignorados. Assim, encontramos **comparações** referentes à estrutura relacional comum, às similaridades literais, às similaridades de aparência, às metáforas, às alegorias, às fábulas e a exemplos que não são analogias. Algumas comparações podem se passar por analogias caso: (a) os aspectos relacionais implícitos sejam explicitados; (b) apresentem um poder inferencial maior; (c) tenham um maior número de aspectos do domínio-alvo; (d) considerem relações causais e matemáticas no mapeamento de relações estruturais de ordem elevada. Em todos os casos, o professor deve esclarecer as limitações da analogia ou, até mesmo, de outras comparações, pois os aspectos considerados estão evidentes para o professor, porém ao aluno é facultada a possiblidade de fazer associações equivocadas e que comprometam o entendimento do tema.

Ferraz e Terrazzan (2001), com base no estudo que realizaram, construíram um conjunto de nove categorias de organização para as analogias utilizadas por professores de Biologia de escolas públicas estaduais de ensino médio, quais sejam:

1. Analogias simples – Por exemplo, coração (sistema cardiovascular); comparação com a bomba propulsora.
2. Analogias do tipo simples referindo-se à função – Por exemplo, pelos do nariz; comparação com o filtro.
3. Analogias do tipo simples referindo-se à forma – Por exemplo, colédoco (sistema digestivo); comparação com a forquilha.
4. Analogias do tipo simples referindo-se à função e à forma – Por exemplo, fibrina (sangue e coagulação do sangue); comparação com o mosquiteiro (malha).
5. Analogias do tipo simples referindo-se aos limites do análogo – Por exemplo, artérias (sistema cardiovascular); comparação com canos de ferro.
6. Analogias enriquecidas – Por exemplo, bile (sistema digestivo); comparação com o detergente.
7. Analogias duplas ou triplas – Por exemplo, glomérulo de Malpighi, cápsula de Bowman e vasos eferentes (sistema excretor); comparação com bola, esponja e serpentes, respectivamente.

8. Analogias múltiplas – Por exemplo, gânglios linfáticos (sistema linfático); comparação com a estação de trem e com os filtros.
9. Analogias estendidas – Por exemplo, estrutura das proteínas; comparação com a estrutura de um colar de contas ou com um fio de telefone.

Os autores criaram, ainda, duas categorias de formato – analogia verbal (explicada por palavras) e analogia pictórico-verbal (associada a imagens, desenhos, objetos reais, fotografias). Um dos exemplos citados anteriormente, classificado como analogia simples na pesquisa de Ferraz e Terrazzan (2001), foi o sistema cardiovascular. Uma das professoras que participaram da pesquisa compara o coração com uma bomba propulsora. Os autores explicam que esse tipo de analogia é quase uma metáfora, pois faz uma simples comparação do alvo com o análogo de forma breve.

Curtis e Reigeluth (1984 citados por Mozzer; Justi, 2015) propõem uma classificação conforme o nível de enriquecimento das analogias, dividindo-as em: **simples** – comparação declarada, sem fundamentos explicitados –, **enriquecidas** – elaboração de um mapeamento explícito, esclarecendo-se semelhanças, domínios e limitações – e **estendidas** – almalgamento de mapeamentos simples e enriquecidos ou somente enriquecidos.

Como você pode perceber, as abordagens classificam de forma similar ou, ainda, de acordo com a necessidade para o estudo específico de casos (falas, textos, imagens, entre outros).

Terrazzan et al. (2003) fizeram um levantamento sobre as analogias em livros didáticos de Biologia, Física, Química e Ciências. Nesse estudo, os autores constataram que, nas coleções de Física, as analogias pertencem à própria área de física, o que pode dificultar o entendimento, pois os análogos não são familiares aos estudantes. Os autores citam algumas analogias comuns a duas áreas. Por exemplo:

- Alvo: leis de Newton para a rotação; análogo: leis de Newton para a translação.
- Alvo: forças elétricas entre objetos; análogo: forças gravitacionais entre objetos massivos.
- Alvo: elétrons com energia quantizada; análogo: escada.
- Alvo: polarização da luz; análogo: moedas sendo jogadas através de uma veneziana.
- Alvo: olho humano; análogo: máquina fotográfica.
- Alvo: modelo atômico de Thomson; análogo: pudim de passas.
- Alvo: campo elétrico; análogo: campo gravitacional.

Assim, no caso dos livros didáticos, os pesquisadores concluíram que as analogias não cumpriram seu papel e poderiam ter sido exploradas de maneira a evitar a formação de concepções alternativas por parte dos alunos. Nesse sentido, eles sugerem uma reestruturação das analogias de modo a apresentá-las de forma mais detalhada.

Cabe apontar que Terrazzan et al. (2003) desenvolveram essa análise utilizando o modelo *Teaching with Analogies* (TWA), desenvolvido por Shawn M. Glynn no início da década de 1990.

> Segundo o modelo TWA, para a utilização adequada de uma analogia como recurso didático deve-se procurar seguir uma sequência de seis passos, a saber:
> - Passo 1 – Introdução da "situação alvo" a ser ensinada.
> - Passo 2 – Introdução da "situação análoga" a ser utilizada.
> - Passo 3 – Identificação das características relevantes do "análogo".
> - Passo 4 – Estabelecimento das similaridades entre o "análogo" e o "alvo".
> - Passo 5 – Identificação dos limites de validade da analogia.
> - Passo 6 – Esboço de uma síntese conclusiva sobre a "situação alvo". (Terrazzan et al., 2003, p. 3-4)

Esses passos servem para testar a aplicabilidade de analogias na prática, bem como para identificar novas analogias nas situações que surgirem, considerando-se que:

> - o análogo deve ser suficientemente familiar aos estudantes [...];

- o domínio alvo deve ser novo e/ou de difícil compreensão para os estudantes [...];
- a analogia, sempre que possível, deve se apresentar em associação com uma representação visual do análogo [...];
- as limitações devem ser exploradas com os estudantes [...];
- a apresentação ou elaboração deve ser sempre um processo guiado [...]. (Mozzer; Justi, 2015, p. 137)

Desse modo, a busca pela analogia depende de um teste da proposta análoga. Nesse momento, é preciso prever questionamentos a fim de explorar as possibilidades das limitações impostas. É indicado acrescentar ao processo guiado somente elementos e discussões que convergem para o entendimento do conceito.

2.3 Experimentos e demonstrações no ensino de Física

Nesta seção, discutiremos a função dos experimentos e das demonstrações em ciências, particularmente em física, bem como os momentos para sua utilização. Consideremos, de início, que uma atividade experimental pode ser conduzida de diversas maneiras e com diferentes objetivos. Demonstrações, verificações, laboratório divergente ou não estruturado, laboratório didático, reproduções de experimentos históricos, laboratório virtual, videoanálise e simulações são expressões para atividades experimentais.

A **demonstração** é a realização de uma atividade experimental para a comprovação de conceitos, leis ou fenômenos físicos. Ela pode ser realizada pelo professor, na maioria dos casos, ou pelos alunos, tendo como característica a propriedade de ilustrar fenômenos físicos e propiciar a elaboração de "representações concretas referenciadas" (Araújo; Abib, 2003, p. 181). Tem potencialidade de estimular a curiosidade, bem como de promover reflexões/discussões sobre os fenômenos, a participação dos alunos e o entendimento de aspectos históricos relacionados aos elementos em estudo. É possível usar computadores para a produção de gráficos e/ou simulações, desde que seja de natureza **qualitativa**.

A demonstração pode ser utilizada na introdução de um tema, na explicação de um conceito abstrato ou na verificação de fenômenos, leis ou princípios. Por isso, ela deve ser breve e acontecer no início da aula ou em um momento específico que esteja relacionado a um tema. Também se pode propor que os alunos realizem a demonstração e a explicação (Figura 2.3). Os direcionamentos após a realização da demonstração dependem da continuidade do tema e podem envolver pesquisas, simulações computacionais, realização de esboços de gráficos e fenômenos, discussão das aplicações relacionadas, motivação para o conteúdo seguinte, entre outros. Segundo Araújo e Abib (2003), a demonstração é a modalidade de experimentação mais utilizada.

Figura 2.3 – Demonstração: construção e explicação do túnel de vento por aluno do 1º ano do ensino médio

O **experimento**, por sua vez, consiste em uma atividade estruturada que envolve uma sequência de atividades de montagem, realização de interações e resolução de problemas e/ou questões. Utilizam-se materiais diversos ou equipamentos específicos da área (termômetros, multímetros, lentes etc.). O experimento implica uma atitude de observação atenta juntamente com a coleta de dados, necessários para a resolução de questões e problemas propostos. Além disso, pode-se realizar tratamento de dados por meio de computadores. No experimento, as potencialidades são as mesmas da demonstração; contudo, trata-se de uma atividade mais dinâmica para o aluno, podendo promover mudanças conceituais, a depender da condução de sua realização. Essa é uma atividade de natureza **quantitativa**.

Os experimentos (Figura 2.4) demandam planejamento, espaço adequado para a realização e materiais específicos (de laboratório ou alternativos), têm duração maior e, geralmente, são executados por um grupo de alunos. O momento para a realização dos experimentos depende das necessidades exigidas pelo conteúdo. Por isso, tais atividades podem acontecer a qualquer momento dentro do período (bimestre, trimestre etc.). Também podem constituir-se em atividades interdisciplinares e que têm as práticas distribuídas pelas disciplinas envolvidas, formando uma sequência que apresenta perspectivas diferentes de um fenômeno específico.

Figura 2.4 – Experimento: curva de aquecimento da água (coleta de dados, produção de gráfico e relatório)

Kelly Carla Perez da Costa

A introdução a um tema pode ser feita pelo professor de forma oral ou por meio de material escrito (textos complementares, livros didáticos, pesquisas na internet etc.). Como obedece a uma sequência, durante o experimento há coleta de dados, produção de gráficos e tabelas, resolução de questões e/ou problemas propostos, verificação de hipóteses, realização de simulações, entre outras atividades. Na conclusão da atividade, o grupo de alunos deve ser capaz de dar explicações e respostas sobre situações relacionadas aos fenômenos estudados, tendo como base a atividade experimental.

Na visão de Batista, Fusinato e Blini (2009, p. 44),

> Investigando a partir de atividades experimentais, o professor promove o interesse dos alunos com situações problematizadoras. É exatamente a tentativa de resposta a essas questões, a qual leva à elaboração de hipóteses (concepções prévias), que inicia o processo de construção do conhecimento científico de forma ativa e investigativa, e não apenas paciente. A realização do experimento, a análise dos resultados obtidos e a pesquisa documental corroboram ou não as hipóteses, prática pela qual se estimula a interação entre os colegas e com o professor, de modo que se discutam tentativas de explicar determinado conceito ou fenômeno científico e não se imponha determinada visão pronta, abstrata.

Em que pese toda a potencialidade dos experimentos, os fatores que influenciam os professores para que não utilizem experimentos são os seguintes: falta de estrutura; falta de material; falta de tempo para planejar as aulas; comportamento dos alunos; ausência de laboratoristas; falta de investimento em laboratórios e equipamentos; postura errada quanto à natureza da ciência; ausência de atividades já preparadas para o professor; falta de recursos para a compra de componentes e de materiais de reposição; formação do professor, deixando-o inseguro para que proponha atividades práticas (Kanbach; Laburú; Silva, 2005).

No entanto, partindo-se do ponto de vista de Batista, Fusinato e Blini (2009) e considerando-se as teorias cognitivistas expostas na Seção 2.1, é possível entender que, se a ideia do espaço laboratorial, bem como dos equipamentos e dos materiais, for flexibilizada, os alunos podem tomar a frente da construção, do roteiro e da explicação de experimentos, assim como de demonstrações. Todo o processo de construção do experimento, que abrange também a interação entre alunos e professor e entre alunos e experimento, potencialmente estimulará processos de aprendizagem. Na pesquisa desses autores, a proposta foi justamente que grupos de alunos realizassem três experimentos. Primeiro, o professor introduziu determinados temas. Em seguida, os grupos escolheram os temas com os quais tinham afinidade, fizeram pesquisas e experimentos relacionados, finalizando com a realização dos experimentos e a exposição oral sobre os temas. A proposta mostrou ser potencialmente motivadora por colocar os alunos como protagonistas do processo. O professor assumiu o papel de orientador, mediador e assessor de atividades experimentais (Batista; Fusinato; Blini, 2009).

Quanto aos objetivos de ensino na utilização de experimentos e/ou demonstrações, propõe-se que

> os professores devam se questionar sobre a experimentação no Ensino de Ciências [...], refletindo até que ponto o experimento é realmente

importante naquele momento de ensino, perguntando se o laboratório realmente motiva os estudantes, se existem outras formas alternativas que os motivem melhor, se os alunos realmente adquirem técnicas laboratoriais a partir dos trabalhos, se o trabalho experimental realmente ajuda na compreensão dos conceitos científicos, qual a imagem que o aluno adquire sobre os métodos da ciência e, até que ponto o trabalho prático favorece o desenvolvimento de uma "atitude científica" por parte do aluno e se estas são necessárias para a prática do bom exercício das ciências. (Hodson, 1994 citado por Força; Laburú; Silva, 2011)

Nem todo conteúdo justifica uma atividade experimental, mas todo experimento ou demonstração, se bem conduzido, pode potencializar a apropriação do conhecimento científico. Embora algumas teorias de aprendizagem e documentos curriculares considerem as aplicações cotidianas necessárias ao entendimento e à apropriação de conhecimento, nem todo conhecimento científico é reflexo do cotidiano.

Por isso, convidamos você, leitor, a fazer a seguinte reflexão: Como futuro professor de Física, seu intuito é desenvolver uma atitude científica por parte dos alunos, buscando a compreensão dos conceitos científicos, mesmo que esses conceitos e essas leis não tenham similaridades com o cotidiano? Como você justificaria uma atividade sem similaridade ou aplicação cotidiana para um aluno?

2.4 Metodologias alternativas

Metodologias alternativas (também chamadas de *metodologias ativas*) são aquelas que propõem a abordagem de um conteúdo de forma não convencional, buscando promover um engajamento maior dos alunos. Para tanto, envolvem o uso de jogos e gamificação, objetos de aprendizagem, aprendizagem baseada em equipes (gincanas, projetos), aulas de campo, pesquisas, sala de aula invertida, ensino híbrido (*e-blended*), simulações *applets* (para a explicação de metodologias e conceitos aplicados), histórias em quadrinhos, entre outras possibilidades com ou sem o uso de tecnologias.

Os jogos têm alto fator motivacional. Pode-se utilizar um jogo específico (jogos de tabuleiro, *on-line* ou via console) que contempla conceitos relacionados ao conteúdo que se quer abordar ou, ainda, jogos elaborados/construídos e conduzidos pelo professor ou por alunos. Essa é a diferença entre usar um jogo existente e gamificar, que se refere ao *"processo de inclusão de apenas alguns elementos do game design em diferentes contextos cujas características não são de games, sendo que estes elementos devem ser aplicados e removidos sem que haja prejuízos das características iniciais"* (Araújo; Tenório, 2012, p. 14, grifo do original).

Quando um jogo é elaborado pelo professor ou por grupos de alunos, a ideia é trazer elementos de *game design* (contexto, usuários, objetivos e métricas, habilidades e engajamento, teoria comportamental). Assim, é necessário pensar em aspectos como o número de participantes e de jogadas possíveis, os pontos atribuídos, os desafios do jogo, entre outros detalhes. Isso não significa que todo jogo deve apresentar uma elaboração complexa. É possível usar estratégias simples, como criar questões de verdadeiro ou falso e/ou cálculos simples e, com isso, realizar uma disputa entre os alunos. Nesse caso, podem ser formados grupos de alunos que devem responder às questões em um tempo específico, disputando ponto a ponto. Outra possibilidade é incluir algo dinâmico para a vez da jogada; por exemplo, o grupo que estourar primeiro um balão terá o direito de tentar responder primeiro.

Outra opção é providenciar um alvo e dardos (brinquedo encontrado em lojas de utilidades e presentes) e propor que o grupo que conseguir o lance mais próximo do alvo terá o direito de responder primeiro. Também é possível elaborar uma tabela de pontos por grau de dificuldade da questão respondida, atribuindo-se pontos diferentes para respostas completas ou parciais. Recompensas e prêmios podem estar em jogo igualmente. Enfim, existem muitas possibilidades a serem exploradas.

Gamificar exige tempo de elaboração; usar jogos específicos, por outro lado, depende de pesquisa. Um exemplo é o jogo Angry Birds, que pode ser utilizado para estudar lançamento oblíquo e gravitação universal.

Os jogos de futebol (como os da franquia Fifa) e de esportes (golfe, dardos, lançamento de massas, salto em distância, como nos jogos Kinect Sports e Kinect Adventures) são outras opções para estudar lançamento de projéteis. Com os jogos de corrida de carros, podem ser abordados os conceitos básicos de cinemática. Nesse caso, o jogo é usado para traçar uma estratégia de ensino a fim de trabalhar determinado conteúdo da disciplina. Geralmente, essas abordagens são mais qualitativas que quantitativas; contudo, estudando-se as possibilidades do jogo, é possível identificar uma maneira de aliar ambas.

Já os **objetos de aprendizagem** (**OAs**) são recursos digitais ou físicos que podem auxiliar na aprendizagem, tais como: imagens, textos, gráficos, vídeos, sons, conteúdo multimídia, conteúdos instrucionais, *software* instrucional, *software* em geral, eventos com suporte tecnológico (Tarouco et al., 2006). De acordo com Aguiar e Flôres (2014, p. 12), "os OAs podem ser criados em qualquer mídia ou formato, podendo ser simples como uma animação ou uma apresentação de *slides*, ou complexos como uma simulação. Normalmente, eles são criados em módulos que podem ser reusados em diferentes contextos". Eles podem ser apenas instrucionais ou uma combinação de instrução e prática, bem como integrar ferramentas de ensino a distância (plataformas de mídia social ou ambientes virtuais de aprendizagem). Estão associados à aprendizagem significativa de Ausubel e aos conceitos do processamento de informações da teoria de Gagné.

Por sua vez, a metodologia de **aprendizagem baseada em equipes** (ou times) envolve uma preparação prévia (estudo em casa), testes formativos em sala com *feedback* imediato e um conjunto de tarefas a serem realizadas em grupo e de maneira colaborativa. Para isso, alguns elementos são necessários, como: estabelecer critérios para a formação de grupos; responsabilizar os alunos por sua aprendizagem e pela do grupo; fornecer *feedback* imediato sobre os momentos de avaliação; promover tarefas que propiciem a aprendizagem e o trabalho em equipe colaborativo sem divisão de tarefas (Mota; Rosa, 2018).

A aprendizagem baseada em equipes (*team-based learning*), a instrução pelos colegas (*peer instruction*), o ensino sob medida (*just-in-time teaching*), a aprendizagem baseada em projeto (*project-based learning*) e a aprendizagem baseada em problemas (*problem-based learning*) são metodologias de sala de aula invertida (Oliveira; Araujo; Veit, 2016).

A **sala de aula invertida** é uma metodologia na qual o aluno tem acesso ao conteúdo (por meio de vídeos, textos e atividades extraclasse) disponibilizado *on-line*, antes da aula, e, em sala, realiza atividades colaborativas de resolução de problemas com os colegas e com o auxílio do professor. Segundo Oliveira, Araujo e Veit (2016, p. 5), na sala de aula invertida, não se trata apenas de disponibilizar vídeos ou textos aos estudantes, inverter a sala de aula também diz respeito ao que se faz com o estudo prévio. Para isso, o docente pode orientar alguma atividade, como pedir para que os alunos façam anotações sobre o que estão estudando, elaborem perguntas, ou que respondam algumas questões. O docente, de posse das informações provenientes do estudo dos alunos, consegue mapear as dificuldades apontadas e, assim, preparar explicações pontuais a serem proferidas em sala de aula.

Quanto à dinâmica dessa metodologia, o aluno assiste, em casa, a vídeos de curta duração, lê textos breves, faz anotações e elabora perguntas para levar à aula. Dessa maneira, o professor parte dessas perguntas/dúvidas pontuais para começar a exposição e, depois, propõe atividades de resolução de exercícios, experimentais ou simulações para serem realizadas em grupo. A aula segue com o professor tirando dúvidas, acompanhando o desenvolvimento das atividades e fazendo intervenções quando necessário. Na sala de aula invertida, as perguntas/dúvidas expõem as concepções do aluno sobre o tema, além de evidenciar o tipo de interação social no momento da resolução de atividades (ou seja, aplicação das teorias de aprendizagem significativa e socioconstrutivista, postuladas por Ausubel e Vygotsky, respectivamente).

Por seu turno, o **ensino híbrido** (*e-blended*, *blended learning*, *b-learning*) é uma modalidade de ensino que combina atividades presenciais e *on-line*. A aprendizagem deve ser integrada de forma que seu planejamento articule momentos presenciais e a distância. O aluno tem liberdade parcial sobre o ritmo de seu estudo, pois nas atividades *on-line* ele pode controlar o tempo, o lugar e o ritmo para sua realização (Silva; Siebiger, 2017).

A proposta é aproveitar o melhor de cada modalidade, presencial e a distância. A interação com os colegas e os professores promovida pela aula presencial e o controle do tempo e do lugar propiciado pela educação a distância são fatores que tornam essa modalidade interessante para o aluno. De 2017 para 2018, houve um aumento na oferta de cursos no âmbito do ensino a distância e do ensino híbrido, segundo dados do censo da educação a distância da Associação Brasileira de Educação a Distância (Abed, 2019). De acordo com as pesquisas de Silva e Siebiger (2017, p. 140), essa é "uma das tendências mais importantes para educação do século XXI".

No Brasil, em termos de ensino médio, embora haja uma obrigatoriedade de frequência mínima, as atividades *on-line* realizadas em ambientes virtuais de aprendizagem (AVAs) ou plataformas de mídia social educativa (Google Classroom, Edmodo, Schoology, Com8s, entre outras) são ferramentas que podem ser empregadas independentemente do nível de ensino.

Já as **simulações *applets*** são modelos computacionais interativos de fenômenos hipotéticos ou reais que permitem ao usuário testar variáveis específicas do fenômeno modificando seus valores e visualizando o resultado de sua manipulação. Essas simulações são dinâmicas, apresentam imagens e gráficos e podem ou não conter informações sobre o fenômeno estudado. As simulações do PhET (Figura 2.5) são um bom exemplo.

Figura 2.5 – *Print screen* da página PhET: simulações *applets* para física e outras ciências

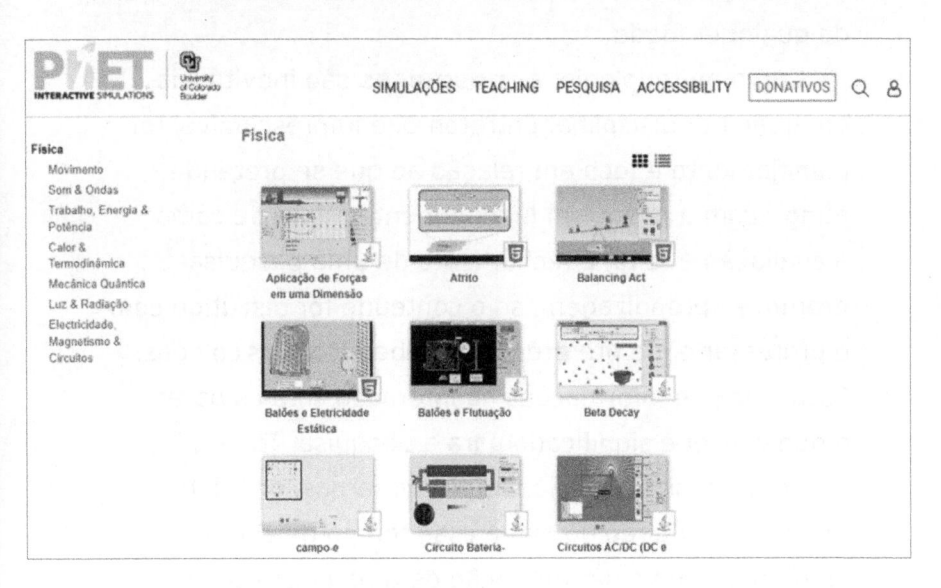

Fonte: PhET Interactive Simulations, 2020h.

Essas simulações podem ser encontradas na internet, mas também podem ser elaboradas pelo professor.

De modo geral, "o uso de applets requer a instalação de programas de domínio público como Java, Shockwave ou Flash, facilmente encontrados na web" (Lopes; Feitosa, 2009, p. 4). Para usá-las de forma adequada, é necessário construir um planejamento com questões a serem respondidas pelos alunos, dados numéricos a serem verificados, além de pesquisa sobre aplicações do fenômeno virtualmente experimentado. O PhET disponibiliza roteiros para os *applets*. As simulações podem ser feitas durante a aula como demonstrações de fenômenos pelo professor e, qualquer que seja a abordagem, sempre provocam curiosidade nos alunos de qualquer idade.

Como metodologia, as **pesquisas** são inevitáveis em qualquer disciplina. Entretanto, é imprescindível ter planejamento e foco em relação ao que se pretende atingir com a pesquisa. Independentemente de como a avaliação é feita, o fechamento de uma pesquisa promove aprendizagem, se o conteúdo for discutido com o professor e, de preferência, também com os colegas. Essa troca de informações na interação com os pares é que concede significado para a pesquisa. Todas as metodologias tradicionais ou modernas, em algum momento, exigirão do aluno esse tempo de estudo dirigido por meio da realização de uma pesquisa.

Já as **histórias em quadrinhos** (**HQs**) são um tipo de arte que mistura texto e desenho ou uma narrativa gráfica. Elas têm como característica a presença de balões de variados tipos e formas que mostram os diálogos dos personagens ou suas ideias; elementos básicos de narrativa (personagens, enredo, lugar, tempo e desfecho); sequência de imagens que montam uma cena. Suas potencialidades são produzir sentido em diferentes formas de linguagem, estimular a criatividade e aumentar a capacidade de observação.

Testoni (2004) propôs, em sua pesquisa de mestrado, utilizar uma HQ, elaborada pelo pesquisador e por sua orientadora, que continha, no contexto da história, uma situação-problema envolvendo a primeira lei de Newton. Essa HQ foi distribuída para grupos de alunos que fizeram a leitura e a discussão da situação apresentada. Um texto complementar foi debatido entre os grupos com o propósito de elucidar situações que poderiam esclarecer a situação-problema. Ao final desse momento de leitura e discussão, um problema foi proposto, resolvido e discutido em grupo e apresentado aos colegas. Depois, os alunos elaboraram as próprias HQs sobre a referida lei. O autor aplicou questionários antes e após a prática, a fim de verificar os conhecimentos prévios e a retenção do conceito discutido nas aulas e na HQ, chegando à seguinte conclusão:

> A utilização de uma situação problema desafiadora que faça sentido para o aluno, inserida em uma História em Quadrinhos, material que possui uma série de características lúdicas, psicolinguísticas e cognitivas que facilitam o processo de ensino/aprendizagem, favoreceu a criação de um ambiente de discussão

a respeito do tema proposto, facilitando o surgimento de conflitos no modelo prévio e evolução para um modelo explicativo coerente com as ideias aceitas pela comunidade científica. (Testoni, 2004, p. 120)

Frederico e Gianotto (2012, p. 212) aplicaram uma sequência parecida com a de Testoni (2004) e também constataram a eficácia da metodologia, mencionando que foi "possível aprender Física por meio de discussões, debates, desenhos e principalmente, de uma maneira que possibilitou relacionar conceitos físicos com situações reais de nosso cotidiano". Os participantes produziram tirinhas sobre quatro conteúdos de Física e elegeram uma "tirinha matriz", utilizada para começar as discussões sobre um dos temas.

Essa "tirinha matriz" e outras constam na página do projeto extracurricular Educação através de Histórias em Quadrinhos e Tirinhas – EDUHQ, em que alunos são orientados em estudos sobre os temas de Física e, após a clara compreensão do conceito, atuam como tradutores da linguagem científica para a linguagem das HQs (Caruso; Freitas, 2009). A intenção desse projeto é disponibilizar essas tirinhas para serem utilizadas por professores e alunos. Até o momento, o acervo conta com duzentas e vinte e seis tirinhas de temas de Física elaboradas por professores e alunos do ensino médio.

A última metodologia alternativa que abordaremos nesta seção diz respeito às **aulas de campo**. Trata-se de uma metodologia ativa e interativa que acontece em um ambiente fora da sala de aula tradicional e pode envolver visitas a espaços culturais, viagens, aulas no pátio da escola, nas proximidades da escola, visita a parques, participação em eventos, entre outras possibilidades.

Quando pensamos em aula de campo, geralmente nos lembramos de temas ligados às disciplinas de Biologia ou Geografia, certo? Porém, ao se utilizarem os lances de escada dentro do colégio para estudar os conceitos de energia potencial gravitacional e potência, com os alunos realizando medidas, interagindo com os colegas fora do espaço da sala de aula, trata-se de uma aula de campo de Física. Portanto, qualquer atividade que envolva observação, coletas, identificações de fenômenos e conceitos, registro de imagens e entrevistas faz parte dessa metodologia, que possibilita realizar um trabalho interdisciplinar.

A Figura 2.6 é do Museu Catavento, em São Paulo. Nesse museu, existem quatro seções: "Universo", "Vida", "Engenho" e "Sociedade". Tais espaços são interativos e apresentam a ciência de forma instigante para crianças, jovens e adultos. Certamente, em sua cidade ou em seu estado existem possibilidades que podem ser exploradas. Nem todos os espaços são criados com a intenção de promover uma atividade pedagógica ou lúdica com relação a um tema específico, mas é o planejamento da aula de campo que deve justificar a escolha e as potencialidades do espaço no âmbito da proposta da disciplina.

Figura 2.6 – Museu Catavento

Vanessa Volk/Shutterstock

2.5 Projetos interdisciplinares

A **interdisciplinaridade** ocorre quando pessoas (por exemplo, alunos e professores de diferentes disciplinas) se juntam por um mesmo objetivo que se apresenta como uma situação-problema e buscam compreendê-lo e resolvê-lo integrando suas perspectivas individuais. Trata-se de um processo dialógico que conduz à compreensão dos aspectos científicos, históricos, sociais e culturais envolvidos. Além disso, promove a reflexão e a ação, com vistas a superar a aparente fragmentação entre as disciplinas ou áreas, aproximando-as de contextos culturais e sociais.

Assim, os **projetos interdisciplinares** surgem por meio de uma situação-problema que é proposta para os alunos ou, até mesmo, escolhida por eles para ser resolvida com a participação e a colaboração de professores de diferentes disciplinas. Nessa ótica, demandam um bom planejamento e o entendimento de que o objetivo não é obter uma resposta final, mas dar sentido aos questionamentos e à pesquisa realizada. A cada resposta encontrada, novos direcionamentos são necessários ou, ainda, uma redefinição do projeto (Fazenda, 2008). Trindade (2008, p. 73) acrescenta o conceito de **atitudes interdisciplinares**:

> atitude de humildade diante dos limites do saber próprio e do próprio saber, sem deixar que ela se torne um limite; a atitude de espera diante do já estabelecido para que a dúvida apareça e o novo germine; a atitude de deslumbramento ante a possibilidade de superar outros desafios; a atitude de respeito ao olhar o velho como novo, ao olhar o outro e reconhecê-lo, reconhecendo-se; a atitude de cooperação que conduz às parcerias, às trocas, aos encontros, mais das pessoas que das disciplinas, que propiciam as transformações, razão de ser da interdisciplinaridade. Mais que um fazer, é paixão por aprender, compartilhar e ir além.

A Física ainda é uma disciplina conteudista. Contudo, existem professores que estão tentando mudar essa situação por meio da realização de projetos interdisciplinares e da divulgação de suas experiências. A partir dos relatos desses profissionais, ficam mais claras as possibilidades de uma atividade interdisciplinar.

Cavalcante (2018) descreve três experiências com projetos interdisciplinares em escolas de ensino fundamental e médio. Uma delas teve como proposta a construção de aquecedores solares por alunos de 5ª série (6º ano). A experiência, que começou com a professora de Ciências, despertou o interesse de outras cinco colegas e envolveu também as disciplinas de Matemática, Língua Portuguesa, Geografia, História e Ensino Religioso. As professoras partiram de um planejamento feito no início das aulas e abordaram conteúdos de sua disciplina conforme as etapas da construção e instalação do aquecedor. As avaliações também foram realizadas de maneira interdisciplinar. Além disso, as crianças sugeriram a doação dos aparelhos construídos para moradores de bairros carentes. Como se pode perceber nessa rápida apresentação, o planejamento tem papel fundamental para a realização de atividades interdisciplinares, bem como a disposição dos professores envolvidos.

Nos estudos sobre interdisciplinaridade, existem, ainda, as **ilhas interdisciplinares de racionalidade (IIR)**. Nessa metodologia, cria-se um contexto problemático que envolve a modelização de um problema cotidiano, elaborado pelos professores participantes e passível de ser resolvido. Os alunos são divididos em "equipes de projeto" e cumprem etapas para a resolução do problema, as quais abrangem: levantamento de perguntas sobre o tema; definição do caminho; definição dos participantes; levantamento de normas e restrições; consulta a especialistas; visitas a locais; relação do problema com o conteúdo mediante o auxílio de especialistas; relação do problema com o conteúdo sem o auxílio de especialistas; síntese da ilha de racionalidade, que é a apresentação do resultado encontrado (Pietrocola; Alves Filho; Pinheiro, 2003).

No projeto realizado por Pietrocola, Alves Filho e Pinheiro (2003, p. 139, grifo do original), a situação-problema (fictícia) foi *"a determinação da(s) causa(s) de 50 óbitos na Bolívia decorrentes de choques elétricos durante banho com chuveiros elétricos de várias marcas produzidos no Brasil"*. Com base em um pedido de uma empresa fictícia, obtido mediante um relatório técnico sobre a situação, os alunos começaram a se mobilizar para atender a essa solicitação. Eles tiveram um mês para dar andamento às etapas descritas no parágrafo anterior e, após esse período, apresentar um relatório para professores externos convidados, que fizeram o papel de representantes da empresa fictícia. A esse respeito, os autores pontuaram que é necessário que os futuros professores estejam conscientes dos riscos presentes na aplicação deste tipo de projeto. É difícil prever quais os assuntos disciplinares possíveis de serem abordados numa IIR, pois sua execução depende do desenvolvimento interno do projeto que, por sua vez, depende de decisões tomadas pelo grupo. No entanto, parece-nos que a definição da situação-problema permite delinear de maneira aproximada os conhecimentos com maior chance de serem abordados. [...] a elaboração da situação deve ser cuidadosamente planejada pelo professor em uma etapa que antecede sua proposição à turma. Esta seria a **etapa zero**, realizada pelo professor com objetivo de encontrar uma situação-problema motivadora, abrangente e adaptada ao tempo disponível e ao contexto da classe. (Pietrocola; Alves Filho; Pinheiro, 2003, p. 146, grifo do original)

Para Japiassu (1994), utilizar uma ilha de racionalidade implica potencializar a alfabetização científica. Uma pessoa alfabetizada cientificamente é capaz de relacionar a ciência com a sociedade, diferenciar o senso comum dos conhecimentos científicos e fazer uso de tecnologias compreendendo suas implicações. Assim,

uma pessoa alfabetizada cientificamente é alguém capaz de construir uma ilha de racionalidade, ou seja, um modelo interdisciplinar susceptível de esclarecer uma situação precisa; é alguém capaz de utilizar conhecimentos provenientes de várias disciplinas para resolver certas questões e de saber como e quando consultar os especialistas, sem ficar totalmente subordinado aos "experts". (Japiassu, 1994)

Dito isso, cabe questionar: Se a interdisciplinaridade pode promover tantas mudanças positivas no processo de ensino-aprendizagem, por que não é a metodologia mais utilizada? Em sua pesquisa, Augusto e Caldeira (2007) aplicaram um questionário com professores que participavam do Projeto Pró-Ciências, com o intuito de entender quais eram as dificuldades em implantar práticas interdisciplinares nas escolas públicas estaduais paulistas. Na análise das respostas desses professores, as autoras constataram que as principais dificuldades são: (a) falta de tempo para se reunir com os colegas, pesquisar e se dedicar a leituras; (b) falta de conhecimento dos conteúdos de outras disciplinas; (c) dificuldades de relacionamento com a administração escolar; (d) ausência de coordenação pedagógica entre as ações docentes; e (e) desinteresse e indisciplina dos alunos.

Nesse sentido, Japiassu (1994) acredita em uma **reunificação do saber** e comenta que os professores precisam compreender que nenhum conhecimento deve ser deixado de lado e que é a interdisciplinaridade que permite a articulação desses saberes.

Radiação residual

Neste capítulo, apresentamos algumas teorias de aprendizagem e metodologias. A seguir, para fins didáticos, condensamos as teorias de aprendizagem estudadas e suas características, além das metodologias associadas a cada uma.

Abordagens/ características	Teorias e metodologias	Características de aluno e professor
Comportamentalismo		
• Associação entre estímulo e resposta. • Repetição de um ato que tem resultado agradável.	• Condicionamento clássico. • Pavlov e Watson. • Condicionamento operante. • Thorndike e Skinner. • Metodologias associadas: aulas expositivas, demonstrações, audiovisuais.	• O aluno é objeto da aprendizagem. • Os materiais são preparados para promover comportamentos desejados, mantidos por condicionantes e reforçadores. • O professor seleciona, organiza e aplica os meios para a aprendizagem.

(continua)

(continuação)

Abordagens/ características	Teorias e metodologias	Características de aluno e professor
Humanismo		
• Envolvimento das aprendizagens afetiva, cognitiva e psicomotora no ensino.	• Rogers (aprendizagem centrada na pessoa). • Wallon (questões emocionais e afetividade). • Maslow (motivação e satisfação de necessidades – pirâmide de necessidades). • Metodologias associadas: ênfase na liberdade para aprender; gerenciamento do aprendizado pelo aluno, que pode escolher qualquer das metodologias existentes.	• O ensino é centrado no aluno, no crescimento pessoal e na liberdade para aprender. • O professor atua como facilitador e motivador.

(continua)

(conclusão)

Abordagens/ características	Teorias e metodologias	Características de aluno e professor
Cognitivismo		
• Ênfase no desenvolvimento cognitivo considerando-se o contexto social e histórico.	• Ausubel (subsunçor, organizadores prévios, aprendizagem significativa). • Piaget (assimilação, acomodação e equilibração). • Vygotsky (socialização). • Gagné (processamento de informações por processos internos e de expectativa). • Metodologias associadas: jogos diversos, debates, experimentos, projetos interdisciplinares, metodologias alternativas, atividades de pesquisa e investigação, solução de situações-problema.	• O aluno é construtor do próprio conhecimento. • O professor é responsável por criar situações desafiadoras mediante metodologias construtivistas.

Em sala de aula, é exigida do professor a utilização de um pouco de cada teoria e metodologia. A existência de turmas com indivíduos tão diversos requer que o professor varie seu método de ensino e, ao perceber as condições específicas de cada turma, escolha trabalhar conforme determinada abordagem ou metodologia. Tal escolha dependerá dos comportamentos observados: por exemplo, uma turma apática na qual a abordagem comportamentalista é suficiente; uma turma agitada na qual a abordagem cognitivista surte efeitos; uma turma com condições sociais diferenciadas que exige uma abordagem humanista ou cognitivista. Desse modo, é possível perceber que o professor precisa agir como um cientista, observando o que acontece e buscando respostas.

Cabe notar que, independentemente da metodologia, o caminho para sua utilização é o mesmo: estudar e entender a abordagem, promover o planejamento da ação, a reflexão e/ou a discussão com os pares sobre as possíveis potencialidades e dificuldades, considerar as condições para a realização da metodologia pretendida etc. A escolha por metodologias diversificadas implica, principalmente, um objetivo claro e um bom planejamento; assim, o momento de utilizá-las é tão importante quanto a seleção metodológica.

As metodologias apresentadas neste capítulo funcionam como "cartas na manga" e devem ser usadas conforme a necessidade do conteúdo e com o intuito de engajar os alunos no entendimento dos fenômenos estudados, como escreve Almeida (1985, p. 96-97) sobre a **prática de ensino**:

> Consciente da existência de uma variedade de caminhos, o futuro professor não vai escolher sua metodologia porque é nova, porque foi apresentada como modelo pelo seu mestre ou porque a escola decidiu empregá-la. Somente depois de examiná-la criticamente é que vai considerá-la válida para uma situação específica, ou determinar se são necessárias adaptações.

Toda metodologia tem uma intenção, que pode ser caracterizada pela teoria de aprendizagem associada a ela. Portanto, se o professor tem a intenção de trabalhar com foco nas necessidades dos alunos, no emocional, em reforços positivos, nos conhecimentos prévios ou nas condições históricas e sociais envolvidas, entre outros aspectos, ele deve atentar para o fato de que uma teoria de aprendizagem ou de comportamento já descreveu essa maneira de entender o processo. Por isso, o ideal é perceber as potencialidades e aplicações de cada teoria, visto que os alunos são "caixinhas de surpresa" em termos do que pode funcionar como aparato teórico para cada turma.

Testes quânticos

1) As abordagens ou enfoques teóricos sobre aprendizagem e ensino consistem em visões do processo de ensino-aprendizagem que buscam explicar como e em que condições os indivíduos aprendem, procurando estabelecer uma relação entre a psicologia e os processos de aprendizagem. Tais abordagens são o comportamentalismo, o humanismo e o cognitivismo. Sobre o cognitivismo, assinale a alternativa correta:
   a) O ensino engloba as aprendizagens afetiva, cognitiva e psicomotora.
   b) Consiste na associação entre um estímulo e uma resposta que envolve alguma espécie de conexão com o sistema nervoso central, resultando em uma mudança de comportamento.
   c) A transposição de princípios para o contexto escolar se faz por meio de uma abordagem centrada no aluno e em sua potencialidade de aprender.
   d) O papel do professor é o de motivador.
   e) O papel do professor é criar situações desafiadoras, buscando condições de reciprocidade e cooperação.

2) Qual é o autor da teoria que associa a motivação à satisfação de necessidades e que propõe uma hierarquia entre as necessidades fisiológicas, de segurança, sociais, de estima e de autorrealização?
   a) Piaget.
   b) Maslow.
   c) Gagné.
   d) Wallon.
   e) Rogers.

3) Sobre os modelos e as analogias, assinale V (verdadeiro) ou (F) falso nas assertivas a seguir:
   ( ) Os modelos representam de forma simplificada um sistema, e as analogias estabelecem relações entre conceitos científicos e conceitos familiares.
   ( ) Enquanto os modelos são produtos de um raciocínio analógico (processo), as analogias são instrumentos para a elaboração desses modelos.
   ( ) Um modelo é capaz de apresentar todos os aspectos do fenômeno estudado.
   ( ) Analogias não dependem de uma correspondência entre o alvo e o análogo, porque no mapeamento dos atributos alguns são considerados e outros ignorados.
   ( ) As comparações referentes à estrutura relacional comum, às similaridades literais, às similaridades de aparência, às metáforas, às alegorias e às fábulas são tipos de analogias.

Agora, assinale a alternativa que corresponde corretamente à sequência obtida:

a) V, V, F, F, F.
b) F, V, V, V, V.
c) F, V, V, F, V.
d) V, V, V, F, F.
e) V, F, F, V, F.

4) Sobre o experimento, indique a alternativa **incorreta**:
   a) É uma atividade para a comprovação de conceitos, leis ou fenômenos físicos.
   b) Sua realização não depende de um laboratório.
   c) Pode realizar tratamento de dados por meio de computadores e tem as mesmas potencialidades da demonstração.
   d) Trata-se de uma atividade estruturada e envolve uma sequência de atividades.
   e) Sua natureza é quantitativa.

5) Assinale a alternativa que apresenta a metodologia na qual o aluno tem acesso ao conteúdo (por meio de vídeos, textos e atividades extraclasse) disponibilizado *on-line* antes da aula e, em sala, realiza atividades colaborativas de resolução de problemas com os colegas e com o auxílio do professor:
   a) Ensino híbrido.
   b) Aprendizagem baseada em equipes.
   c) Aulas de campo.
   d) Sala de aula invertida.
   e) Objetos de aprendizagem.

Interações teóricas

Questões para reflexão

1) Entre as teorias de aprendizagem apresentadas, com qual(is) você se identifica? De seu ponto de vista, como essas teorias influenciam o planejamento e o andamento da aula?

2) Leia a citação a seguir:

> Um dos marcos legais que embasam a BNCC são as novas Diretrizes Curriculares Nacionais para a Educação Básica (DCN), de 2010. Nelas, salienta-se que as práticas educacionais precisam ter tratamento metodológico que evidencie a *interdisciplinaridade* e a *contextualização*. Dessa forma, as DCN determinam que, para ser interdisciplinar, o currículo deve realizar o entrecruzamento de saberes disciplinares e, para ser **contextualizado**, ele deve desenvolver projetos que se pautem na realidade dos alunos e, portanto, propulsionem uma aprendizagem de fato significativa. (Silva, 2018, grifos do original)

Qual(is) metodologia(s) e teoria(s) de aprendizagem, em sua percepção, podem ser aplicadas no panorama atual da educação brasileira? De que forma os projetos mencionados no trecho citado poderiam ser realizados?

Atividade aplicada: prática

1) Elabore uma HQ ou uma tirinha sobre astronomia. Para isso, você pode utilizar aplicativos (Pixton, UTellStory, Comic Life) ou *softwares* (Word, PowerPoint, Paint, Illustrator). Comece escolhendo os personagens, o enredo, o lugar e o tempo e pense em um desfecho engraçado. Lembre-se de que os diálogos dos personagens ou suas ideias devem estar em balões. Não se esqueça de planejar uma sequência de imagens para montar a cena.

Sequências didáticas para o ensino de cinemática e hidrostática

3

Depois de analisar as teorias de aprendizagem
e as abordagens metodológicas, agora é hora de tratar
de sequências didáticas para o ensino de cinemática
e hidrostática. As sequências didáticas têm finalidades
específicas; seu desenvolvimento, contudo, pode ocorrer
de forma tradicional ou por meio de metodologias
alternativas. A internet e os livros fornecem várias
possibilidades, mas nem todas são aplicáveis ao grupo
de alunos para o qual se está lecionando.

    Diante do exposto, neste e nos próximos capítulos, apresentaremos algumas sequências, umas mais conhecidas e outras menos. Cabe a você, leitor, ponderar como empregar essas sequências didáticas de forma diferente, buscando sempre melhorá-las. Uma sugestão é compor um caderno de atividades práticas. Nele, você poderá reescrever as práticas descritas aqui bem como aquelas que pesquisar, procurando, claro, adaptá-las ao seu contexto. Pense em sequências que o aluno consiga acompanhar ou em temas que pretende que o aluno pesquise e faça uma experimentação ou demonstração. Nos dois formatos, será necessário que o aluno entenda o que tem de ser feito e que estude para responder aos questionamentos a fim de associá-los à prática.

3.1 Instrumentos de medida: paquímetro, micrômetro e balança

A medição tem uma importância fundamental para a área de física. As grandezas físicas estão associadas a um padrão e a uma unidade. O sistema métrico decimal foi proposto em 1799 pela Academia de Ciências da França e passou por algumas modificações até 1960, tornando-se o Sistema Internacional de Unidades (SI) conhecido atualmente. Para medir, podemos utilizar réguas, fitas métricas, relógios, cronômetros, ampulhetas, gnômon, multímetro, termômetro, entre outros instrumentos.

Nesta seção, veremos o paquímetro, o micrômetro e a balança. A prática na utilização desses instrumentos possibilita abordar a importância das medidas para a física e para o mundo do trabalho. Assim, em aula, é possível realizar uma **sequência didática** para medir objetos diferentes com esses instrumentos; enquanto as medidas são feitas, as aplicações vão sendo comentadas. É possível incluir também pesquisas sobre os tipos de instrumentos existentes, considerando-se sua precisão, a história de sua invenção, as áreas que os utilizam e a finalidade de seu uso.

Conhecimento quântico

Uma discussão interessante, no âmbito das questões históricas, refere-se ao acidente nuclear de Chernobyl. Na série de televisão com o mesmo nome (*Chernobyl*, dirigida por Craig Mazin e veiculada no canal de TV por assinatura HBO), o acidente é contado em detalhes. Durante toda a narrativa, acontecem as medições de radiação. Em uma das cenas, em uma cidade distante do ocorrido, uma pesquisadora percebe que as medições de radiação estão alteradas e começa a procurar a fonte. Na série, é utilizado um instrumento medidor importante para as áreas de física, química e biologia – o contador de Geiger-Müller.

Figura 3.1 – Contador de Geiger-Müller

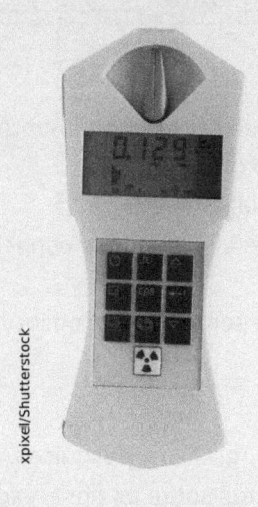

No Quadro 3.1, apresentamos um modelo para a execução de atividades práticas. Como introdução para o uso de determinado instrumento, pode-se realizar uma discussão com base em trechos de produções audiovisuais (como no exemplo recém-apresentado), reportagens ou vídeos com uma aplicação cotidiana de um instrumento. Isso explicitará a utilidade de quaisquer instrumentos. O paquímetro, o micrômetro e a balança têm utilidades específicas, mas pode-se optar por outros instrumentos conforme o conteúdo que se estiver trabalhando.

Quadro 3.1 – Modelo para atividades práticas (experimento ou demonstração)

Colégio _____
Nome do(s) aluno(s): _____   **n.:** _____ **Série:** _____ **Data:** ___/___/___
Título da atividade   **Introdução**   Não é obrigatória e pode ser feita oralmente.   **Descrição dos materiais**   • Listagem de materiais.   • Descrição de uso de instrumentos específicos.   **Procedimentos:**   • O que e como deve ser realizado, observado, medido, calculado.
Questões   • Podem ser cálculos, gráficos, pesquisas, registro fotográfico, perguntas sobre as observações, entre outras.   • Nesta parte, deve-se direcionar a atividade (para quê?).

O primeiro instrumento selecionado para estudo é o paquímetro, que é capaz de realizar quatro tipos de medidas em determinada peça: (1) medição externa; (2) medição interna; (3) medição de profundidade; e (4) medição de ressaltos (Conecta FG, 2018). Na prática escolar, é possível usar anéis, moedas, canetas e outros objetos pequenos que permitam identificar medidas internas e externas. O importante é que o aluno entenda a precisão dos equipamentos. Para a medição, existem paquímetros, micrômetros e balanças digitais, porém são as medidas realizadas nos instrumentos analógicos que permitem a comparação entre os modelos de instrumentos e o entendimento do uso.

O paquímetro é composto basicamente por duas partes (Figura 3.2):

- uma parte fixa, que apresenta uma escala milimétrica e outra em polegadas, usada para comparar as medidas;
- uma parte móvel, também chamada de *nônio*, que apresenta outra escala usada para comparar e obter a medida e sua precisão.

Figura 3.2 – Partes do paquímetro

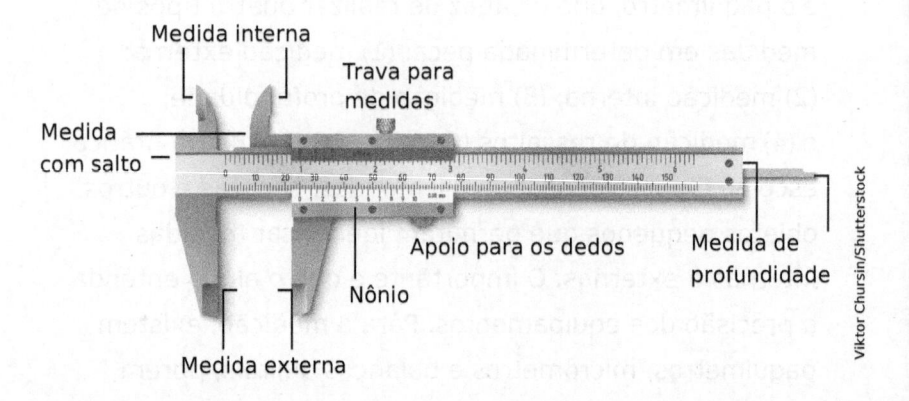

- Medida interna
- Trava para medidas
- Medida com salto
- Apoio para os dedos
- Medida de profundidade
- Nônio
- Medida externa

Viktor Chursin/Shutterstock

Fonte: Elaborado com base em Conecta FG, 2018.

O paquímetro tem uma trava, o que permite que as medidas realizadas não sejam perdidas, e um apoio para dedo, utilizado para deslizar a escala móvel com maior facilidade. Sua precisão vem gravada no final da escala do nônio. Geralmente, um paquímetro tem a precisão na casa dos centésimos de milímetros, podendo estar graduado em milímetros ou polegadas.

Para realizar medidas com esse instrumento, basta acompanhar os seguintes passos (Conecta FG, 2018):

a) Primeiramente, deve-se saber exatamente qual dos quatro tipos de medidas será realizado e, em seguida, posicionar o paquímetro na peça utilizando a parte correta (medição externa, interna, profundidade ou ressaltos).

b) Depois de colocar a peça na parte correta do paquímetro, deve-se observar onde o 0 (zero) da parte móvel (nônio) está e com qual número da parte fixa ele está coincidindo, o que indicará o primeiro número da medida.

c) Em seguida, pode-se verificar qual é a marcação que se assemelha em ambas as escalas, fixa e móvel, e observar o número coincidente da escala móvel. Este será o segundo número, representando os décimos de milímetros, como no exemplo da Figura 3.3.

Figura 3.3 – Usando o paquímetro

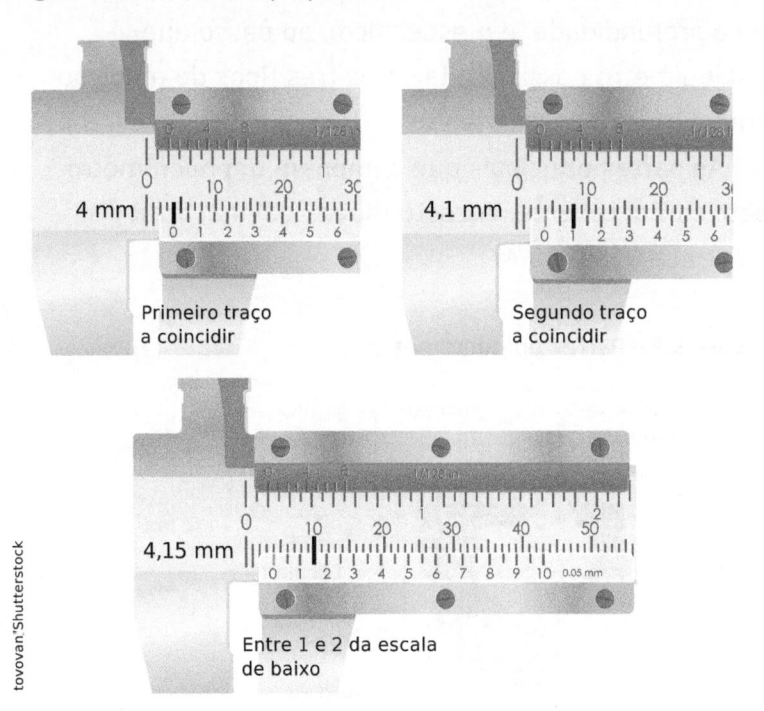

4 mm — Primeiro traço a coincidir

4,1 mm — Segundo traço a coincidir

4,15 mm — Entre 1 e 2 da escala de baixo

tovovan/Shutterstock

Fonte: Elaborado com base em Conecta FG, 2018.

Caso os instrumentos de medida não estejam disponíveis no laboratório de ciências, pode-se propor um exercício como o ilustrado na Figura 3.3. Esse tipo de exercício pode ser idealizado para paquímetro, micrômetro e balança.

Vejamos agora o micrômetro. Esse instrumento tem funções semelhantes às do paquímetro, ou seja, serve para medidas internas, externas e de profundidade, contudo, é mais preciso que o paquímetro e mais resistente. O micrômetro mede com precisão de 0,01 mm até 0,001 mm. A diferença é que o micrômetro apresenta somente uma função (medir o interno, o externo, ou a profundidade, e o específico), ao passo que o paquímetro possibilita fazer os três tipos de medição com o mesmo instrumento.

As partes principais que compõem um micrômetro são: corpo, batente, encosto móvel, bainha, tambor e catraca (Figura 3.4).

Figura 3.4 – Partes do micrômetro

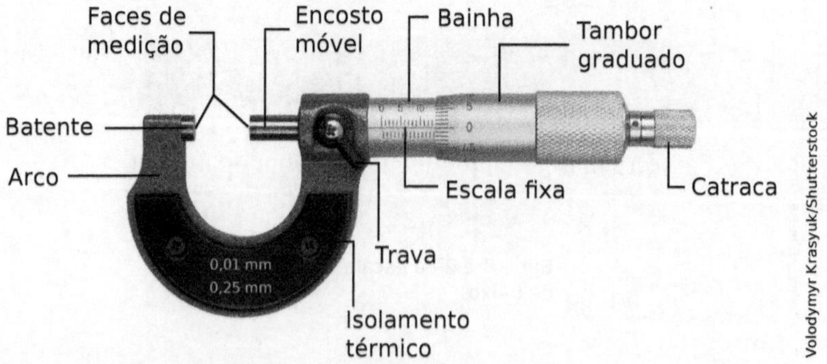

Fonte: Elaborado com base em Fiorio; Henrique, 2013.

Os passos de utilização do micrômetro são os seguintes:

a) Posicionar a peça entre as faces de medição.
b) Girar o tambor até que os contatos (encostos) apresentem uma abertura maior que a dimensão por medir.
c) Encostar o contato fixo em uma das extremidades da peça. Fechar o micrômetro girando a catraca, até que o encosto móvel toque na extremidade oposta da peça.
d) Fazer a leitura, abrir o micrômetro e retirá-lo da peça evitando-se o atrito das faces de medição.
e) Começar a leitura com os milímetros inteiros na parte superior da escala da bainha (Figura 3.5).
f) Depois, fazer a leitura dos meios milímetros, na parte inferior da escala da bainha. Para isso, não se deve contar as marcações. Quando o tambor coincide com as linhas de meios milímetros, soma-se 0,5 mm ao valor da linha de milímetros.
g) Finalizar fazendo a leitura dos centésimos de milímetro na escala do tambor.

Figura 3.5 – Linhas de medição do micrômetro

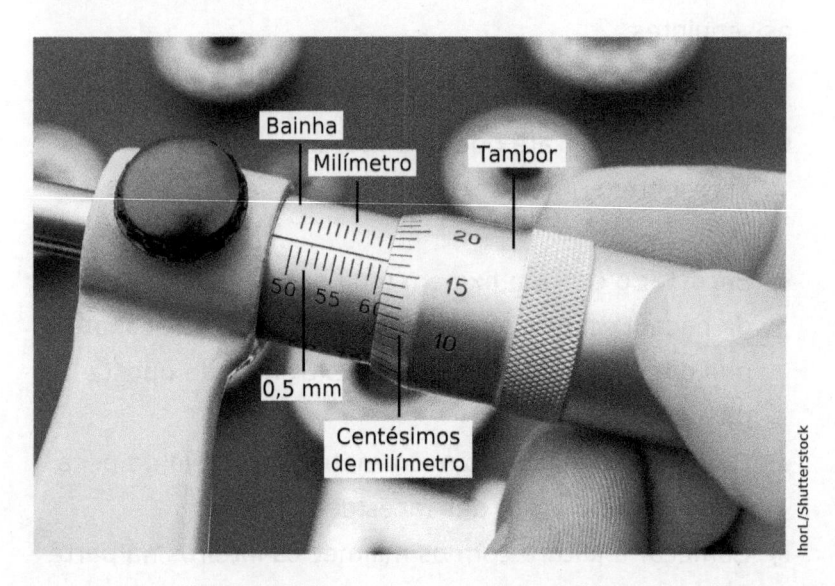

Na Figura 3.6, apresentamos um exemplo de medida realizada com micrômetro. Perceba que, quando o tambor coincide com as linhas de meios milímetros, adiciona-se 0,5 mm à medida, mas, quando isso não acontece, soma-se apenas a medida do tambor.

Figura 3.6 – Escalas do micrômetro e leitura

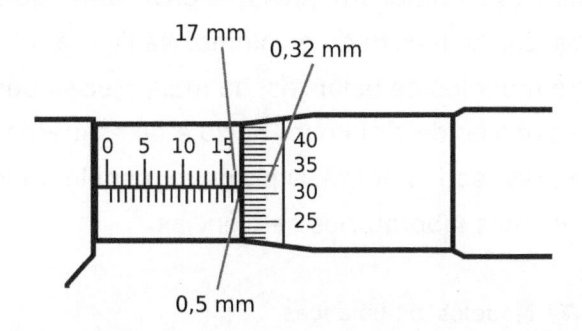

17 mm   0,32 mm

0,5 mm

17,00 mm (escala dos mm da bainha)
+ 0,50 mm (escala dos meios mm da bainha)
  0,32 mm (escala centesimal do tambor)
17,82 mm (leitura total)

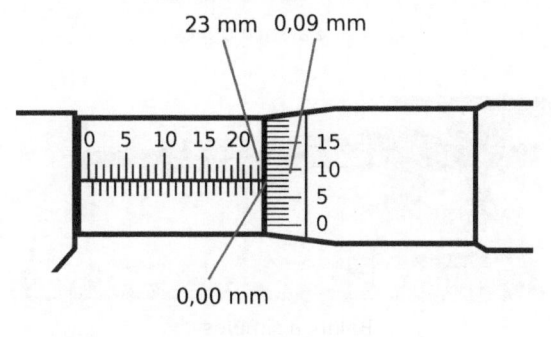

23 mm   0,09 mm

0,00 mm

23,00 mm (escala dos mm da bainha)
+ 0,00 mm (escala dos meios mm da bainha)
  0,09 mm (escala centesimal do tambor)
23,09 mm (leitura total)

falisdeka/Shutterstock

Fonte: Barbosa, 2020.

As balanças, por sua vez, são instrumentos versáteis que, além de medirem massas, podem ser usados em experimentos e demonstrações que envolvem outros conceitos, como densidade e volume. Na Figura 3.7, há quatro modelos de balanças, da mais precisa para a menos precisa (de cima para baixo e da esquerda para a direita), respectivamente. O primeiro modelo pode ser encontrado nos laboratórios de ciências.

Figura 3.7 – Modelos de balanças

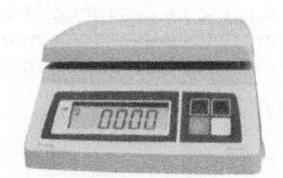

Balança digital

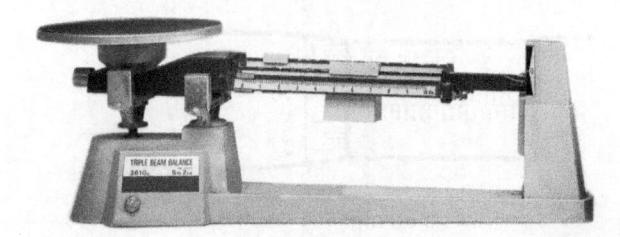

Balança simples

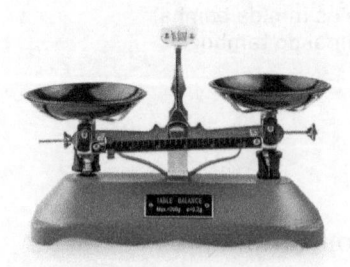

Balança de dois pratos

Balança de dois pratos com pesos

Vereshchagin Dmitry, Bborriss.67, Rabbitmindphoto e Atiwat Witthayanurut/Shutterstock

Uma opção voltada à prática ou à dinâmica em grupo é fazer um jogo de medição de massa. Para isso, deve-se dividir a turma em grupos. Assim, os alunos vão escolher, entre os itens de seu material escolar, os objetos que consideram "mais leves" e "mais pesados". Eles devem selecionar seis itens e colocá-los dentro de uma sacola, caixa ou mochila. O importante é que o grupo adversário não veja esses objetos. O outro grupo deve escolher um item do grupo adversário, medi-lo dentro da sacola, sem olhar, e colocá-lo sobre a mesa. Pode-se usar um dado para a escolha da massa maior ou menor. Depois de jogar o dado, caso o resultado seja menor que cinco, o grupo que tiver o objeto de massa menor pontua.
É preciso que todos os objetos sejam medidos na balança. Por isso, nas jogadas, os grupos têm de disputar entre si quem tem os objetos de maior e menor massa. O grupo que fizer mais pontos pode ganhar algum prêmio.

Outra possibilidade é promover um jogo de massa e densidade. Para tanto, é preciso providenciar substâncias com densidades diferentes e que sejam colocadas em um recipiente ocupando o mesmo volume ou, ainda, objetos com o mesmo volume, mas com densidades diferentes. O jogo é de adivinhação, portanto o aluno que acertar qual substância tem mais massa ("mais pesada", na linguagem do aluno) ganha pontos. Durante ou após o jogo, a explicação da relação entre massa, densidade e volume pode ser explorada. Nessa dinâmica, também é interessante oferecer um prêmio para o(s) vencedor(es).

3.2 Movimento uniforme e uniformemente variado: experimento e gráficos

Os experimentos de cinemática correspondem a montagens simples, mas que permitem medir o tempo, a distância, a velocidade e a aceleração. É possível associar a esses experimentos a realização de gráficos dos movimentos, por exemplo. Tais gráficos podem ser elaborados em folha milimetrada ou em planilha eletrônica (Excel). Na explicação dos gráficos, pode-se relacionar as funções de 1° e 2° graus e suas propriedades.

Para o **movimento uniforme (MU)**, a prática requer que os alunos tragam brinquedos à pilha que se movimentem, preferencialmente, em linha reta (carrinhos de controle remoto, por exemplo). Com esses brinquedos, o professor pode propor aos alunos algumas disputas. Depois de terminada a competição e o debate sobre os conceitos básicos da cinemática, é possível promover medições de tempo e de distância e cálculos de velocidade. Para isso, os alunos têm de portar cronômetros (relógio ou celular), trenas e calculadora simples (ou celular).

Para a elaboração dessa sequência, devem ser observadas as orientações presentes no Quadro 3.2.

Quadro 3.2 – Modelo de prática: MU

Colégio _____
Nome do(s) aluno(s): _____   **n.:** _____ **Série:** _____ **Data:** ___/___/___
Movimento uniforme (MU)   **Introdução**   Conceitos básicos de cinemática e fórmulas necessárias para os cálculos (podem ser apresentados em forma de mapas conceituais, mapas mentais, imagens, textos com aplicações, questionários para identificar conhecimentos prévios etc.).   **Descrição dos materiais**   • Brinquedos à pilha que se movimentem em linha reta ou carrinhos de controle remoto   • Cronômetro   • Trena   • Calculadora simples   • Celular para fotografias e vídeo   **Procedimentos**   • Esticar a trena por 2 m no chão e fazer marcações em intervalos de distâncias iguais (de 10 em 10 cm ou 20 em 20 cm).   • Testar o movimento de cada brinquedo/carrinho.   • Fotografar e filmar o experimento com o celular.   • Com o cronômetro, medir o tempo total para percorrer a distância de 2 m. Tempo: _____   • Calcular a velocidade média para que o deslocamento seja efetuado. Velocidade: _____   • Com o cronômetro, anotar os tempos para cada 20 cm no percurso de 2 m e preencher a tabela a seguir. Depois, calcular a velocidade a cada 20 cm.

(continua)

(Quadro 3.2 – conclusão)

Distância	Tempo	Velocidade = Δx/Δt
0	0	
20		
40...		

- Iniciar o movimento do brinquedo/carrinho antes da marca 0 (zero) da trena; somente ativar o cronômetro quando ele passar pelo zero. Depois, enquanto um colega observa o cronômetro e avisa o tempo em cada marca, é preciso registrar na tabela os valores do tempo. Esse procedimento tem de ser repetido duas ou três vezes a fim de diminuir os erros na leitura do tempo.

Questões
- O que significa velocidade média?
- Qual é a diferença entre velocidade média e velocidade instantânea?
- Qual é a relação entre a velocidade média calculada e as velocidades calculadas a cada 20 cm?
- Cite situações em que se pode perceber o movimento uniforme.
- Faça um gráfico da posição x tempo para esse movimento em uma folha milimetrada.
- Com base na tabela e no gráfico, quais são as características do movimento uniforme?

(Aqui se associam: a prática com os conceitos, as aplicações, a introdução, a matemática, os erros, as aproximações etc. Ainda, é possível utilizar as fotografias e os vídeos para outras práticas, entre outros aspectos que sejam considerados necessários.)

Essa sequência utiliza normalmente duas aulas seguidas e pode ser dividida e reestruturada para se adequar a situações diversas.

Ainda com relação ao MU, para trabalhá-lo, pode-se fazer um experimento/demonstração da gota de água na mangueira com óleo. Para esse experimento, é necessário dispor de:

- um pedaço de mangueira de 1 m e com 1 cm de diâmetro na vertical para colocar o óleo, com uma das extremidades fechada com um pedaço de rolha e presa a um suporte universal ou a uma madeira;
- uma régua fixada ao lado da mangueira, para tomar medidas de deslocamento;
- uma seringa, para pingar uma gota de água dentro dessa mangueira com óleo.

Quando a gota de água desce, ela realiza um MU, que é possível em função da diferença de densidade entre os líquidos usados. Nessa prática, podem ser feitos os mesmos cálculos e medidas da prática anterior. Com a vidraria de química, pode-se substituir a mangueira por uma proveta e a seringa por uma pipeta volumétrica. Na Figura 3.8, apresentamos uma descrição ilustrada dos materiais, as possíveis substituições e o esboço do experimento.

Figura 3.8 – Experimento/demonstração: MU com água e óleo

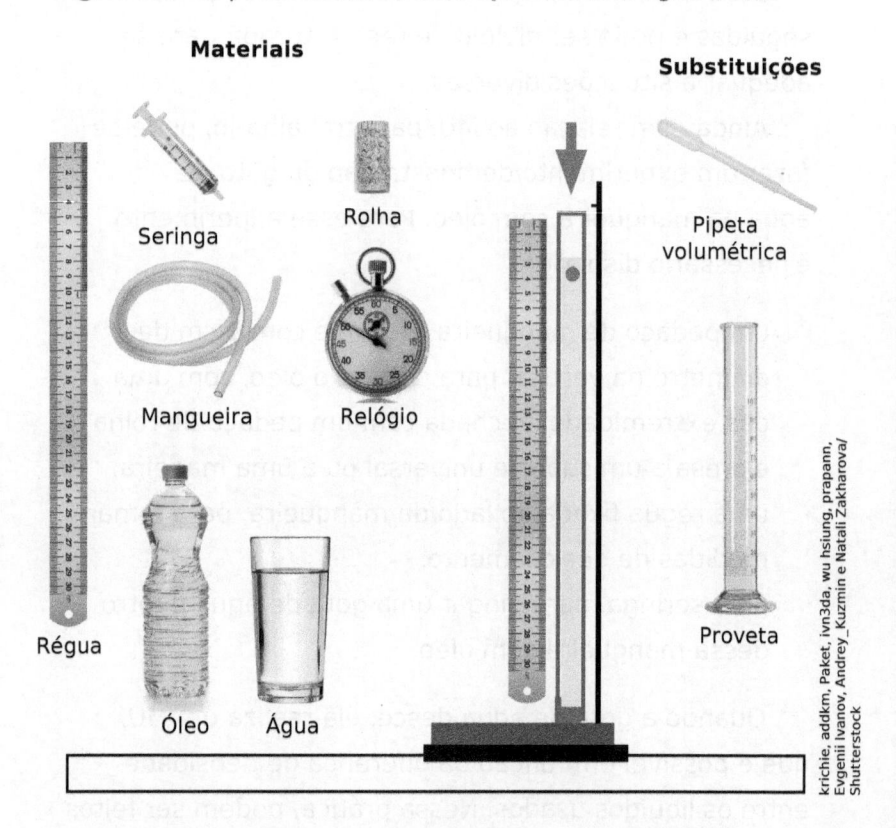

Materiais

Régua, Seringa, Mangueira, Rolha, Relógio, Óleo, Água

Substituições

Pipeta volumétrica, Proveta

krichie, addkm, Paket, ivn3da, wu hsiung, prapann, Evgenii Ivanov, Andrey_Kuzmin e Natali Zakharova/Shutterstock

Para o **movimento uniformemente variado** (**MUV**), utilizam-se rampas (planos inclinados), carrinhos de brinquedo, bolinhas de gude (ou pingue-pongue), réguas ou marcações com as distâncias na própria rampa, cronômetros, aplicativos de celular, planilhas eletrônicas etc. (Figura 3.9).

Figura 3.9 – MUV: práticas possíveis

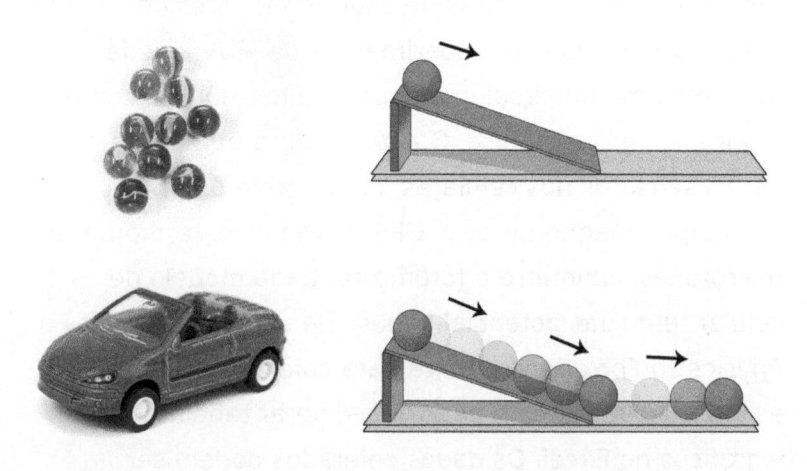

Os conceitos envolvidos são os de deslocamento, velocidade e aceleração e podem abranger a realização de tabelas e dos respectivos gráficos em papel milimetrado ou planilha eletrônica. As questões podem incluir pesquisas sobre o funcionamento de lombadas eletrônicas; comparações entre movimentos na horizontal e na vertical; aceleração da gravidade e de corpos em queda; aplicações de planos inclinados no cotidiano (acesso para cadeirantes, movimentação de carga, entre outros); história dos experimentos de Galileu; interpretação de tabelas e gráficos em planilhas eletrônicas etc. No desenvolvimento do conteúdo, o experimento pode ser retomado de maneira demonstrativa e utilizado para explicar a conservação da energia.

Braga (2017) utilizou o *smartphone* como laboratório móvel e sugeriu maneiras de usar os sensores do aparelho para realizar experimentos de MUV, queda livre, movimento circular, movimento harmônico, campo magnético e iluminância. O autor explica que existem vários sensores nos celulares, como acelerômetro, giroscópio, magnetômetro, GPS, barômetro, termômetro, microfones, luxímetro e fotômetro. Cada modelo de celular tem suas potencialidades. Ele usou o aplicativo Physics Toolbox Sensor Suite para coletar e gravar as informações e, com base nelas, gerar tabelas e gráficos no Excel. Os dados coletados podem ser enviados por serviços de *e-mail*, Google Drive ou diretamente para o computador com o cabo USB.

Depois de montar um carrinho com peças de Lego, Braga (2017) posicionou o *smartphone* sobre a montagem. O movimento do carrinho é registrado pelo aplicativo, que mostra, na tela do aparelho, os gráficos em tempo real. Com o acesso às tabelas e aos dados do movimento, pode-se analisar melhor o movimento e os gráficos após o experimento. A sequência didática de Braga (2017) foi a seguinte: pedir aos alunos que fizessem o *download* do aplicativo no celular; explicar o uso do aplicativo e dos sensores; propor a montagem do carrinho com Lego; realizar o experimento; solicitar que os alunos transferissem os dados para *notebooks* e computadores, a fim de analisá-los; ao final, os alunos responderam a questões sobre a prática (MUV) utilizando os gráficos obtidos com o experimento.

Para abordar os gráficos de cinemática, pode-se começar com uma introdução de funções de 1° e 2° graus. O professor de Matemática trabalha esse conteúdo e, em Física, é possível aproveitar a temática para dar ênfase às ferramentas matemáticas utilizadas no experimento (ou na demonstração) para, aos poucos, apresentar outros recursos matemáticos. O uso do papel milimetrado para a realização dos primeiros gráficos de movimento possibilita a percepção de quais tipos de curvas devem aparecer para cada tipo de movimento. No momento de manipular as planilhas eletrônicas, essa noção auxilia na construção dos gráficos. Pode-se, ainda, utilizar outros *softwares* de geometria e álgebra para estudar as funções matemáticas associadas, como o GeoGebra (*software* de acesso livre para *download* que possibilita o estudo de geometria, álgebra e cálculo).

Para chegar ao uso das planilhas eletrônicas, o aluno já deve ter passado pelo estudo das partes teórica e prática dos movimentos. Logo, faz-se necessário promover uma aula sobre as funções básicas da planilha para o MU e o MUV. As planilhas têm muitas funções, por isso, nesse momento, o professor deve indicar as funções nas quais os alunos precisam se concentrar e a forma como devem usá-las para a construção específica dos gráficos de movimento. Tanto o laboratório de informática quanto os aplicativos para *smartphones* podem ser utilizados para a iniciação ao estudo dos movimentos em planilha eletrônica.

A planilha eletrônica Excel também tem aplicativo para celular. Nessa perspectiva, realizar atividades em grupo para aprender a usar aplicativos é mais produtivo, pois alguns alunos conhecem a planilha e podem ajudar os colegas a compreender seu funcionamento.

3.3 Lançamento de projéteis

O lançamento de projéteis pode ser estudado e explicado observando-se o movimento de uma bola em vários esportes, como futebol, golfe, tênis, basquetebol e voleibol. Esse fenômeno também aparece nas trajetórias de flechas, projéteis de revólver e canhão, objetos abandonados de aeronaves, objetos lançados de plataforma (*base jump*), objetos lançados de pistas etc.

Para as práticas de lançamento de projéteis, pode-se utilizar rampas, pistas de vários formatos, foguetes de garrafa PET, bolas, estilingues, dardos, brinquedos que lançam objetos, catapultas, armas de água, lançamento de aros em pinos de madeira, entre outros. Tais práticas fomentam demonstrações que instigam a curiosidade, como a sondagem de conhecimentos prévios e experimentos realizados e explicados pelos alunos, podendo incluir cálculos. Contudo, para tais práticas, sugere-se usar videoanálise.

O Tracker é uma ferramenta gratuita de análise e modelagem de vídeo criada na estrutura Java Open Source Physics (OSP). Embora apresente vários recursos, os que nos interessam para o lançamento de projéteis são: o rastreamento manual e automatizado de objetos com sobreposições de posição, velocidade, aceleração e dados; vetores gráficos interativos e somas vetoriais; sobreposições de modelo sincronizadas automaticamente e dimensionadas para o vídeo para comparação visual direta com o mundo real; possibilidade de editar e transcodificar vídeos, com ou sem sobreposição de gráficos, todos usando o próprio Tracker.

Na geração e análise de dados, essa ferramenta permite fazer uso de várias opções de calibração, definir variáveis personalizadas para plotagem e análise, além de adicionar colunas de texto editáveis para comentários ou dados inseridos manualmente (Tracker, 2020).

A Figura 3.10 apresenta um *print-screen* de um vídeo sendo analisado no *software* Tracker. Note que ele marca a trajetória do objeto (em vermelho) e, ao lado, mostra a tabela com os dados coletados e os gráficos do movimento.

Figura 3.10 – *Software* Tracker

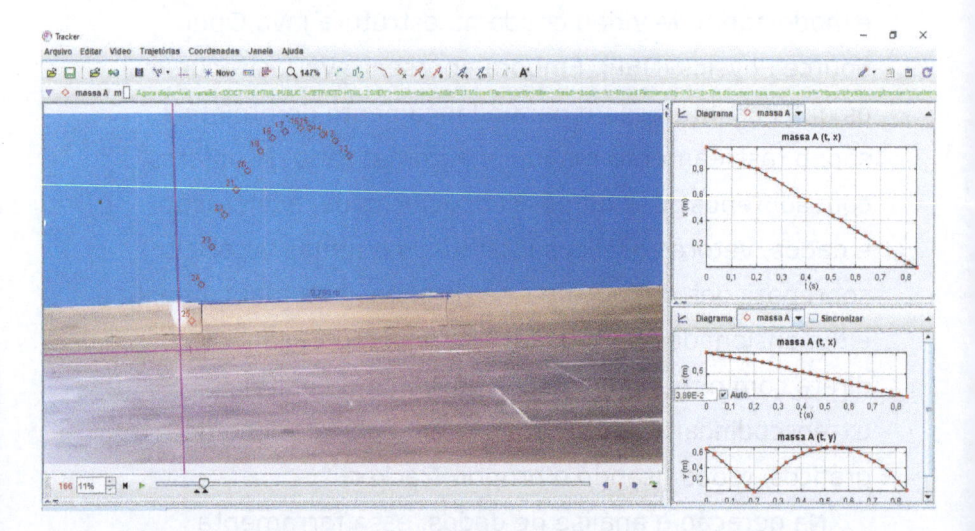

Para realizar a videoanálise, é necessário gravar um vídeo com o movimento que se quer analisar. Esse vídeo pode ser feito pelo professor ou pelos alunos. A partir disso, uma opção seria propor que os alunos elaborassem o vídeo para, depois, o analisarem no Tracker. Uma possível de sequência seria a seguinte:

a) Introdução qualitativa do tema.
b) Discussão dos fenômenos que podem ser filmados para análise.
c) Momento para filmagens no colégio ou como tarefa de casa.
d) Verificação da qualidade dos vídeos produzidos pelos alunos.
e) Instrumentalização dos alunos para o uso do *software* (manuais e vídeos).

f) Análise dos vídeos produzidos.
g) Questões de fechamento relacionando fenômenos gravados, análise e teoria envolvida.

No tocante aos fenômenos, podem ser utilizados os experimentos de construção de foguetes de garrafa PET e catapultas; filmagens de colegas praticando algum esporte; pesquisas na internet sobre trechos de eventos esportivos, como jogos de futebol, para que sejam analisados.

Santos, Balthazar e Huguenin (2017) propuseram uma sequência em que se utilizaram vídeos previamente gravados pelos professores em estúdio e em alta resolução, pois os autores apontam a má qualidade dos vídeos como um fator que dificulta os resultados da análise. Na sequência realizada por eles, o primeiro momento concentrou-se na observação dos vídeos sem intermédio do Tracker, propondo-se aos alunos apenas que respondessem a questões relacionadas às imagens dos movimentos, tendo como finalidade organizar previamente o conteúdo (organizador prévio, conforme a teoria da aprendizagem significativa). No segundo momento, o Tracker foi apresentado, e os vídeos foram analisados pelo professor, que projetou a tela do Tracker e interagiu com o *software*. Na terceira parte, houve a sistematização com a introdução das equações da cinemática e a formalização dos conceitos por meio de exercícios conceituais e quantitativos. Nesse caso, os professores não tinham à disposição um laboratório de informática para que os alunos interagissem com o *software* diretamente. Os autores comentam, também, que essa possibilidade demandaria mais tempo para a realização, em virtude justamente da necessidade de treinamento dos alunos para o uso do *software*. Assim, a escolha de uma ou outra abordagem depende dos materiais e da estrutura disponíveis.

3.4 Lei de Stevin

A hidrostática é uma parte da física pouco explorada nos experimentos, sendo as demonstrações, em geral, mais utilizadas. A lei (teorema ou princípio) de Stevin estabelece que a pressão exercida sobre um ponto localizado em um fluido depende apenas da densidade do fluido, da aceleração da gravidade e da altura da coluna do fluido sobre o ponto. Com ela, podemos explicar os vasos comunicantes, a relação entre reservatórios de água e abastecimento de água, os lençóis freáticos e os poços de água.

Uma das demonstrações envolve a prática da garrafa plástica com água e furos. Nela, é possível observar, de forma simples e rápida, a relação entre profundidade e pressão hidrostática. Com essa prática, pode-se realizar um jogo de adivinhação com os alunos perguntando o que vai acontecer na situação ilustrada na Figura 3.11 Primeiramente, os orifícios precisam estar fechados. Depois de obter as respostas, deve-se abri-los um por vez, revelando o que acontece. Se a demonstração for realizada em sala de aula, basta utilizar um recipiente sob a montagem.

Figura 3.11 – Demonstração da pressão hidrostática: lei de Stevin

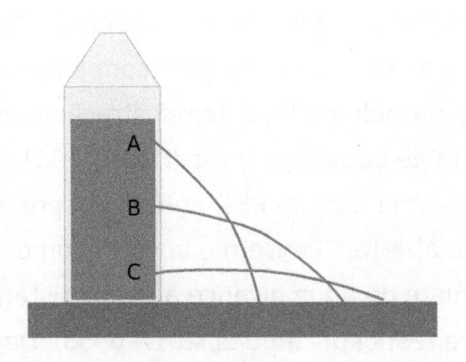

Rodes (2017) propôs uma **sequência de ensino investigativa** com essa prática. Tal sequência tem duas etapas: problematização e aprofundamento do conteúdo. A problematização consistiu nos seguintes passos: (a) mobilização de conhecimentos e proposição de problemas; (b) levantamento e teste de hipóteses; (c) socialização das possíveis soluções encontradas pelos alunos; (d) construção de uma maquete.
Em determinados momentos, a sala foi organizada em grupos de alunos e, depois, eles foram dispostos em círculo para as apresentações e as discussões.
A questão-problema foi esta: "Dada a importância da reutilização da água, devido à crise hídrica que estamos vivendo, como você viabilizaria maneiras de reaproveitar a água da chuva aqui na escola?" (Rodes, 2017, p. 57).

Na etapa de aprofundamento do conteúdo, os passos foram: (a) situação-problema com experimentação; (b) sistematização do conhecimento com demonstração e explicação da lei de Stevin; (c) questões abertas e correção das respostas; (d) avaliação com base na apresentação das maquetes, que apresentaram as soluções e as possíveis relações com a lei de Stevin.

A situação-problema foi a demonstração/experimento com a garrafa de água com furos (Figura 3.11). O professor disponibilizou uma garrafa PET, água e um prego e propôs uma questão aberta: "Pensem e anotem como irão fazer para que o filete de água alcance a maior distância? Justifique sua resposta" (Rodes, 2017, p. 58). Depois de os alunos executarem o experimento, o professor fez uma demonstração da mesma prática, seguida da explicação do conteúdo envolvido. Novamente, duas questões abertas foram propostas: "Em qual orifício a água jorra com mais velocidade e por que isso ocorre? Discuta como a pressão varia dependendo da profundidade do orifício considerado" (Rodes, 2017, p. 123). O professor corrigiu as respostas e lançou outras perguntas, como exercício de fixação. Finalizou a sequência apresentando e explicando as maquetes feitas pelos alunos, promovendo, assim, mais um momento de aprofundamento do conteúdo. A duração dessa sequência foi de, aproximadamente, seis aulas.

Outra demonstração é a do manômetro e da garrafa de água (Figura 3.12). Quando se movimenta a haste com a bexiga (opcional) verticalmente no líquido, o manômetro altera a coluna de líquido. Aqui, a utilização de vídeos com demonstrações é uma possibilidade, pois eles podem ser úteis para a introdução do conteúdo, a discussão de questões-problema, a proposta de experimentação para os alunos, a resolução de questões práticas, entre outros aspectos. Assim como Rodes (2017) idealizou uma sequência, para o uso do vídeo é recomendado que isso também seja feito, a fim de conservar o sentido da apresentação do conteúdo do vídeo.

Figura 3.12 – Demonstração manômetro + garrafa de água: lei de Stevin

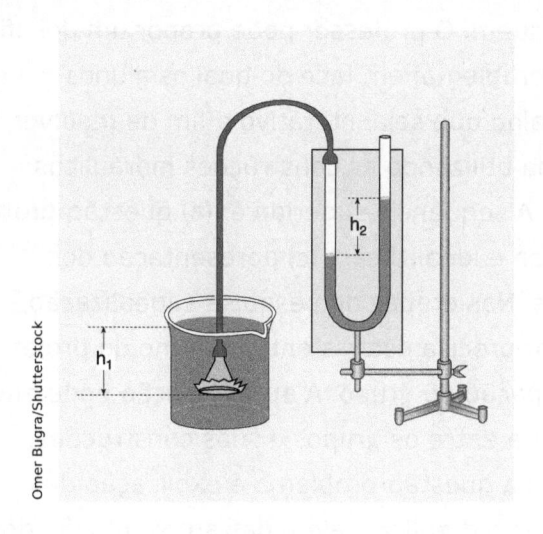

Omer Bugra/Shutterstock

Cabe ressaltar que é preciso escolher uma abordagem entre as teorias de aprendizagem ou das metodologias. Feito isso, deve-se considerar que para cada abordagem há um passo a passo e uma intencionalidade específica. Fazer essa escolha de maneira consciente facilita o momento de idealização da sequência.

3.5 Princípio de Pascal e princípio de Arquimedes

Quanto ao princípio de Pascal, as atividades práticas que mais mobilizam a atenção são as **construções hidráulicas** – robôs de seringa, pontes elevadiças, elevadores hidráulicos etc. A ideia é que os alunos façam suas construções, apresentem seus projetos e os expliquem. O professor pode propor um desafio (questão-problema) em face do qual os alunos devem construir algo que seja interativo a fim de resolver o problema utilizando as construções hidráulicas possíveis. A sequência sugerida é: (a) questão-problema; (b) pesquisa e idealização; (c) apresentação dos resultados. Nas etapas de pesquisa e idealização, o professor precisa estar atento ao rumo do projeto e à participação do grupo. A apresentação pode envolver uma disputa entre os grupos e suas construções, resolução da questão-problema e explicação das construções hidráulicas, além das apresentação dos projetos e do debate, com todos os alunos, sobre cada um deles. Na Figura 3.13, estão ilustradas construções hidráulicas feitas com materiais recicláveis de baixo custo.

Figura 3.13 – Construções hidráulicas feitas por alunos de 1º ano do ensino médio

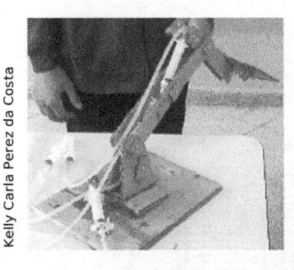

Kelly Carla Perez da Costa

Já o trabalho envolvendo o princípio de Arquimedes pode começar com pesquisas sobre a invenção de dirigíveis, o funcionamento de submarinos, a movimentação de balões, peixes com bexiga natatória, *icebergs*, forças que atuam em corpos submersos (campos minados da Segunda Guerra Mundial) e estar relacionado com outras disciplinas, como História e Biologia. Tais temas podem ser explorados interdisciplinarmente. Vale mencionar, ainda, que a construção de algumas demonstrações/experimentações também pode contar com o uso de materiais recicláveis ou de baixo custo. Os experimentos de flutuação e o ludião são dois exemplos.

Para o experimento de flutuação, é necessário utilizar uma bacia com água e uma garrafa de plástico, inicialmente vazia, que será mergulhada na água da bacia. Após, realiza-se uma comparação entre a garrafa mergulhada em água estando vazia e essa mesma garrafa sendo submersa depois de ter se enchido d'água (Figura 3.14).

Figura 3.14 – Experimento de flutuação: princípio de Arquimedes

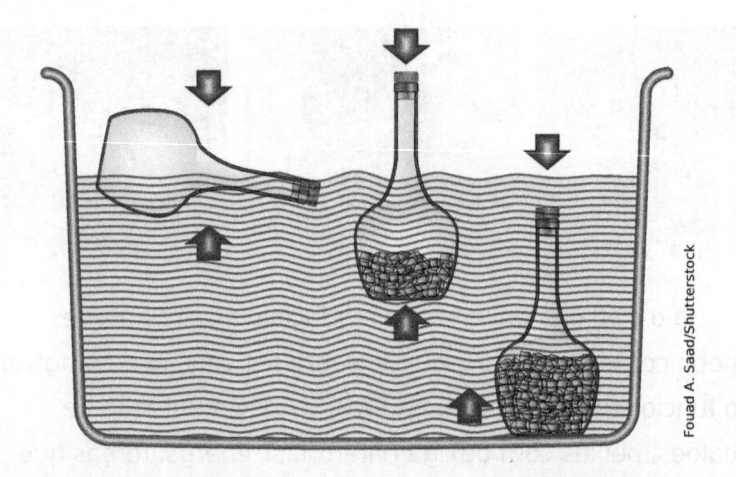

Fouad A. Saad/Shutterstock

O experimento do ludião também é feito com uma garrafa plástica e um recipiente pequeno que caiba dentro dela (tampa de caneta, conta-gotas, ampola). A garrafa deve ser totalmente preenchida com água, e o recipiente tem de ser inserido na garrafa de maneira que sobre um pouco de ar armazenado nele. Depois, a garrafa é fechada; quando aplicada pressão em torno dela, o recipiente desce; na ausência de pressão, o recipiente sobe (Figura 3.15). Esse experimento serve para explicar tanto o princípio de Arquimedes como o princípio de Pascal.

Figura 3.15 – Ludião – princípio de Arquimedes

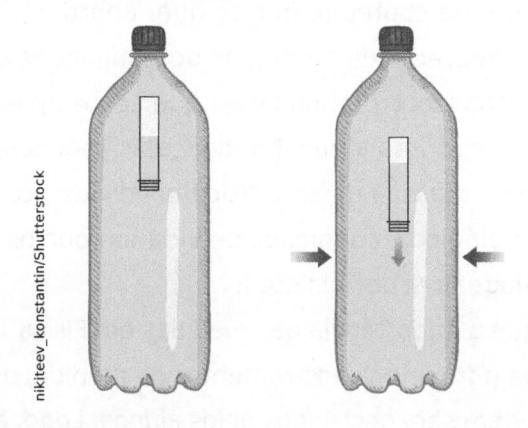

Fonte: Silva; Sales, 2018, p. 31.

A elaboração de práticas com materiais recicláveis e de baixo custo é uma alternativa à falta de laboratórios e de equipamentos nas escolas. Trata-se, também, de uma maneira de incentivar as criações dos alunos e despertar o interesse para os conteúdos de Física. Para os educandos, esse tipo de atividade experimental é similar a uma brincadeira, o que torna a aula e a teoria mais dinâmicas.

Radiação residual

A prática de ensino requer o planejamento de muitas ações. Quanto mais a par das possibilidades de ação o professor estiver, melhores serão suas escolhas. Nesse sentido, este capítulo apresentou algumas possibilidades de atividades experimentais relacionadas à cinemática e à hidrostática. A seleção, a sequenciação e a base teórica são escolhas que dependem das características do professor e do conteúdo que se quer abordar. Convém considerar, igualmente, as possibilidades de formar parcerias interdisciplinares, que contemplem questões norteadoras atuais (mudanças climáticas, movimento de massas de ar, a física envolvida nos processos biológicos, condições de vida em outros planetas, viagens espaciais etc.).

Vimos que a importância das medidas em Física é trabalhada por meio de instrumentos de medida, os quais também podem ser construídos pelos alunos. Logo, além de práticas envolvendo paquímetro, micrômetro e balança, poderiam ser construídos dinamômetros, termômetros e barômetros. Nosso cotidiano é repleto de medidas, e isso precisa ficar claro para o aluno. Em termos teóricos, esses instrumentos são apresentados brevemente; assim, explorar tais ferramentas por meio da manipulação, da construção ou, até mesmo, de simulações *on-line* torna-se algo importante.

Na bordagem do MU e MUV, a matemática pode e deve ser potencializada. É o momento de explicar e ilustrar grandezas direta e inversamente proporcionais, unidades de medida das grandezas físicas, funções e seus gráficos, além de promover a associação das propriedades das funções com as grandezas físicas, leitura e interpretação de gráficos, plotagem de gráficos em folha milimetrada e planilhas eletrônicas, simulações que mostrem o fenômeno e o gráfico simultaneamente, experimentos com planos inclinados e brinquedos etc.

A produção de videoanálise pode ser realizada em qualquer atividade prática. Porém, os vídeos precisam ser de boa qualidade. Para isso, pode-se fazer uso de trechos de vídeos de eventos esportivos, fazer uma simulação *on-line* e gravá-la, utilizar câmeras profissionais, recorrer a exemplos de vídeos disponíveis na página do *software* Tracker ou a trabalhos acadêmicos, por exemplo. No entanto, o processo que envolve a construção do vídeo e a reflexão sobre as questões concernentes à videoanálise é mais enriquecedor, pois o aluno aprende uma tecnologia diferente e a emprega para o experimento que idealizou, o que propicia uma oportunidade de autorrealização.

As práticas de hidrostática podem ser adaptadas das próprias imagens do livro-texto. As deduções de princípios e leis normalmente vêm acompanhadas de imagens de experimentos diversos, os quais podem ser reelaborados com materiais disponíveis e em sequências que proponham a realização do experimento e a verificação de princípios. As tendências de aprendizagem atuais propõem que o aluno construa gradualmente, sendo desafiado por questões que causem conflito. Entretanto, por vezes, uma prática tradicional de verificação pode ser o caminho inicial ou final de atividades que estão sendo ou serão desenvolvidas.

Os materiais recicláveis e de baixo custo representam o "faça você mesmo". Em abordagens que envolvem a escolha de materiais recicláveis, o aluno exercita a criatividade e a flexibilidade na resolução de problemas.

```
Atividades experimentais
        │
    envolvendo
        ▼
Cinemática e hidrostática
        │
    necessário
        ▼
Selecionar ──possibilidades──► Manuse333ar equipamentos
    │                        ► Construir equipamentos simples
    ▼                        ► Trabalhar com analogias
Sequenciar                   ► Usar simulações *on-line*
    │                        ► Usar videoanálise
  buscar                     ► Construir gráficos
    ├──► Base teórica        ► Reproduzir experimentos
    └──► Relações            ► Usar materiais recicláveis
         interdisciplinares
```

Testes quânticos

1) De acordo com Nussenzveig (2013, p. 22),

   o método mais simples de medir uma grandeza física é por meio da comparação direta com um padrão de medida adotado como unidade. Entretanto, isso geralmente só é possível em casos muito especiais e dentro de um domínio de valores bastante limitado. Fora deste domínio, é preciso recorrer a métodos indiretos de medição.

   A esse respeito, assinale V (verdadeiro) ou F (falso) para os métodos indiretos de medição mencionados nas assertivas a seguir:

   ( ) Por meio da microscopia eletrônica podem ser medidos diretamente valores da ordem de 10^{-8} m, que correspondem ao tamanho das cadeias moleculares grandes, como o vírus.

   ( ) O microscópio de varredura por tunelamento e o microscópio de força atômica fazem medidas indiretas abaixo de 10^{-8} m, e os fenômenos nesse domínio de distância são analisados por meio da mecânica quântica.

   ( ) Para distâncias muito grandes, é usado o método da triangulação, pois não é possível estabelecer uma comparação direta com o metro.

   ( ) O radar é um método de medição indireta de distâncias.

( ) Um método recente de medição indireta de distâncias empregado na cosmologia é o uso da luminosidade de explosões de supernovas.

Agora, assinale a alternativa que corresponde corretamente à sequência obtida:

a) V, V, F, F, F.
b) F, V, V, V, V.
c) F, V, V, F, V.
d) V, V, V, F, F.
e) V, F, F, V, F.

2) Sobre a planilha eletrônica Excel, que tipo de gráfico é recomendado para construir os gráficos de MU e MUV?
   a) Barras.
   b) Setores.
   c) Dispersão.
   d) Linhas.
   e) Área.

3) Quanto à realização de um vídeo para utilizar no *software* Tracker, como você deve se posicionar para a filmagem?
   a) Vista frontal.
   b) Vista lateral.
   c) Vista oblíqua.
   d) Vista superior.
   e) Vista inferior.

4) O ludião é uma demonstração que pode ser utilizada para explicar conceitos e princípios de hidrostática. Sob essa ótica, qual alternativa a seguir **não** corresponde a conceitos e princípios esclarecidos por esse experimento?
   a) Princípio de Arquimedes.
   b) Densidade.
   c) Princípio de Pascal.
   d) Pressão.
   e) Escoamento de fluidos.

5) A respeito do uso de materiais recicláveis e de baixo custo, leia a citação a seguir:

   Reciclagem é um conjunto de técnicas que tem por finalidade aproveitar os detritos e reutilizá-los no ciclo de produção de que saíram. É o resultado de uma série de atividades, pelas quais materiais que se tornariam lixo, ou estão no lixo, são desviados, coletados, separados e processados para serem usados como matéria-prima na manufatura de novos produtos.
   (Só Biologia, 2020)

   Para abordar temas direta ou indiretamente relacionados com a física e o cotidiano, é necessário estudar outras áreas de conhecimento e buscar parcerias com pessoas dessas áreas. Com qual das áreas de conhecimento a seguir a Física pode realizar um projeto interdisciplinar que promova a conscientização acerca do gerenciamento adequado de resíduos sólidos?

a) Química.
b) Biologia.
c) Matemática.
d) Educação ambiental.
e) Sociologia.

Interações teóricas

Questões para reflexão

1) Leia a dissertação de mestrado de Carlos Alberto Steinmetz (2018), referenciada a seguir e faça o que se pede:
   a) Analise quais modelos teóricos de aprendizagem o autor utilizou.
   b) Realize uma releitura das duas sequências didáticas apresentadas pelo autor. Você pode utilizar seu caderno de atividades práticas (se você ainda não começou, este é um bom momento!) e pensar em como melhorar as sequências descritas no trabalho (colocar ou tirar questões, arranjá-las em uma ordem diferente, acrescentar outros recursos, substituir algum material por materiais recicláveis etc.).

STEINMETZ, C. A. **Sequências didáticas significativas para o ensino do princípio de Arquimedes integrando teoria e experimento**. 161 f. Dissertação (Mestrado em Ensino de Física) – Universidade Federal do Rio Grande do Sul, Tramandaí, 2018. Disponível em: <https://bit.ly/35b3TrH>. Acesso em: 5 nov. 2020.

2) Pesquise duas simulações *on-line* que possam ser utilizadas em sequências didáticas envolvendo cinemática e hidrostática. Use-as e descreva seu funcionamento apresentando os pontos fortes e fracos de cada simulação escolhida.

Atividade aplicada: prática

1) Elabore sequências didáticas com os dois simuladores de cinemática e hidrostática que você utilizou na atividade anterior. Recorra aos exemplos de sequências comentados no capítulo ou elabore um modelo próprio a fim de usá-lo em outros momentos. Nas etapas descritas em sua sequência, você pode acrescentar demonstrações, experimentos, maquetes, vídeos, jogos, questionários, além da própria simulação.

Sequências didáticas para o ensino de dinâmica e estática

4

Neste capítulo, nosso foco serão algumas forças da física. Apresentaremos exemplos de atividades práticas que envolvem forças, bem como simuladores sobre tipos de força. Quando se busca realizar uma sequência com cálculos, é possível tomar como base o enunciado de exercícios e, então, elaborar um experimento.

As questões norteadoras e as situações-problema envolvem carros em curvas, *bungee jumping*, aparelhos de ortodontia, esportes como arco e flecha, instrumentos de medida, como dinamômetro, montanhas-russas, prática de *skate*, máquinas de lavar roupa, estabilidade de estruturas em projetos de engenharia, alavancas, funcionamento de estruturas musculares etc.

4.1 Constante elástica da mola

Para uma abordagem prática da lei de Hooke, propõe-se a construção de um dinamômetro para medir o peso de alguns objetos, elaborar o gráfico da força *versus* deformação e calcular pesos e massas.

Um dinamômetro mede a intensidade de forças e pode ser construído utilizando-se uma mola (espiral de caderno), uma régua e uma haste (metal, madeira, papelão) para fixar a mola e a régua. Para calibrar, usam-se pesos conhecidos (tubos de cola, copo com quantidade específica de água, entre outros). A sugestão é suspender pela extremidade da mola um copo com 10 ml de água que pesa 0,1 N e fazer a marcação com a indicação de valores em newtons ao lado dos valores em centímetros da régua. O professor pode acrescentar marcações de 20 ml, 40 ml, 50 ml ou quantos valores achar necessários para sua prática. Após a calibração do dinamômetro, é preciso escolher outros objetos para medir a força peso correspondente (pelo menos quatro objetos). É necessário construir uma tabela com os valores da deformação da mola e da força peso dos objetos escolhidos. Com esses dados, elabora-se um gráfico da força *versus* deslocamento. Ainda com o gráfico, é possível calcular a constante da mola (k) usando a lei de Hooke ($F = k \cdot d \rightarrow k = \frac{F}{d}$). Com essa lei, pode-se calcular a força peso de cada objeto escolhido e, pela equação da força peso ($P = m \cdot g$), calcular a massa dos objetos.

A construção do dinamômetro pode ser realizada em sala. Questões sobre a constante da mola (k), no que diz respeito à sua constituição em função do material de que são feitas as molas, devem ser discutidas ou instigadas, levando o aluno à reflexão. Erros experimentais também podem ser abordados, a fim de que o aluno entenda que mesmo em práticas simples é fundamental ter muita atenção quanto à tomada de medidas.

O professor pode iniciar a sequência didática com uma pesquisa de imagens sobre o uso de molas e elásticos em várias áreas, elaborando questões norteadoras com base nas imagens escolhidas pelos alunos. Após essa primeira etapa de discussão, o docente pode sugerir a realização de algo prático. Depois, é possível solicitar um estudo com um simulador, aventando outras possibilidades de medição.

O *software* PhET contém o simulador "Massas e Molas" (Figura 4.1), que corresponde a um dinamômetro virtual e pode ser utilizado para abordar a deformação da mola, as energias envolvidas e os vetores no movimento harmônico; para aplicar exercícios com o objetivo de descobrir a força e o peso; e para analisar o movimento com diferentes acelerações da gravidade. A simulação pode fazer parte de uma sequência mais detalhada, mas também é possível elaborar essa sequência a partir das possibilidades da própria simulação.

Figura 4.1 – *Print screen* do simulador "Massas e Molas": PhET

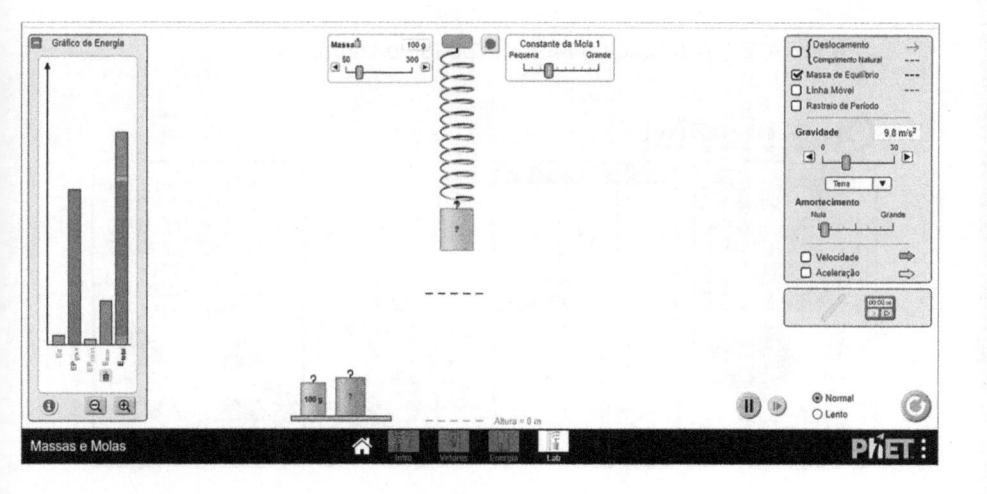

Fonte: PhET Interactive Simulations, 2020f.

4.2 Equilíbrio de forças

O equilíbrio de forças pode ser estudado por meio da realização de experimentos com polias e alavancas. No dia a dia, essas ferramentas são aplicadas em brinquedos de parques (gangorras), varais suspensos, movimentação de cargas na vertical, troca de pneu com chave de roda, articulações e força muscular, uso de chaves de boca e alicates, barcos a vela, aparelhos de musculação, entre outros exemplos.

A sugestão é começar a sequência didática com uma tirinha (Figura 4.2) e propor perguntas que revelem o que os alunos entendem a respeito do funcionamento de polias e se já notaram o uso delas em seu cotidiano.

Figura 4.2 – Tirinha *Que Merlin!* (polias e roldanas)

Fonte: Will, 2016.

Após as discussões, o professor pode propor experimentos com a talha da tirinha, com uma polia fixa ou com uma alavanca e massas diferentes, bem como sugerir que os alunos interajam com a montagem e percebam o que acontece com uma polia, considerando a associação de polias e mudanças do objeto suspenso e explicitando a relação entre polias e alavancas.

Essas etapas podem ser acompanhadas de questões e de registro por escrito das observações feitas pelos alunos. Assim, a próxima fase é confrontar o experimento com a teoria e suas aplicações. Para a avaliação, o professor pode solicitar que os alunos elaborem, em duplas, tirinhas que ilustrem de forma divertida aquilo que aprenderam.

4.3 Força de atrito e aplicações

A temática da força de atrito exige que se considerem tanto as aplicações em que essa força é necessária quanto aquelas nas quais ela precisa ser evitada. Assim, podemos citar como exemplos: carros em curvas; engrenagens dentro de motores; sistemas de freios; aterrissagem de aviões; túneis de vento e testes aerodinâmicos; competições de natação; roupas usadas nas competições de natação; olho humano e colírio; condições de autoestradas e pneus; mastigação; rolamento de sedimentos em montanhas; o solo e a sola de sapato (clássico do atrito); lixamento e polimento de materiais; entalhes em vidro por jatos de areia; mesas de Air-Hockey; colocação de pregos e parafusos.

Como sugestão de sequência didática para trabalhar com esse tema, indicamos as seguintes etapas:

a) Pesquisa e apresentação, em grupos ou duplas, de infográficos sobre sistemas de freio. Questões: Qual é a diferença entre os freios ABS e os convencionais? O que significa a sigla ABS? Quais são as vantagens e as desvantagens de cada sistema? Nessa etapa, o aluno pode utilizar o Infogram, ferramenta *on-line* gratuita que permite criar gráficos, mapas e infográficos.
b) Apresentação e discussão dos infográficos.
c) Montagem do experimento da rampa de atrito (Figura 4.3). Os materiais necessários são: cartolina para fazer a escala; transferidor; régua; estilete; bloco de madeira; dois pedaços de compensado ou madeira; dobradiça e parafusos; chave de fenda e tachinhas; superfícies para teste (feltro, laminado, chapa de metal, lixa, plástico etc.).

Figura 4.3 – Rampa de atrito

Ingrid Skåre

d) Nessa prática, deve-se juntar os dois pedaços de madeira com a dobradiça e os parafusos. Em seguida, é preciso cortar a cartolina, como na imagem, e marcar os ângulos. O estilete serve para cortar alguns dos materiais usados sobre a rampa. Tais materiais são presos com tachinhas sobre a madeira; o bloco é colocado para deslizar sobre o plano inclinado. Dependendo da rugosidade da superfície de teste, o ângulo do plano aumentará até atingir o limite entre os **atritos estático** e **dinâmico**.

e) Como questões norteadoras, propomos as seguintes perguntas relacionadas com as superfícies de teste utilizadas: Quais são as diferenças entre o laminado e a lixa? Por que o bloco demora para deslizar na superfície de teste com a lixa? Em que condições ele desliza?

f) Como exercício de fixação, pode-se promover uma simulação do PhET ("Forças e Movimento: Noções Básicas") (Figura 4.4). Nessa simulação, o aluno escolhe objetos para empurrar e verificar a força necessária para colocá-los em movimento, além de observar a relação entre a força de atrito e a força aplicada. É interessante sugerir valores e situações para que os alunos façam os testem.

Figura 4.4 – *Print screen* da simulação "Forças e Movimento: Noções Básicas": PhET

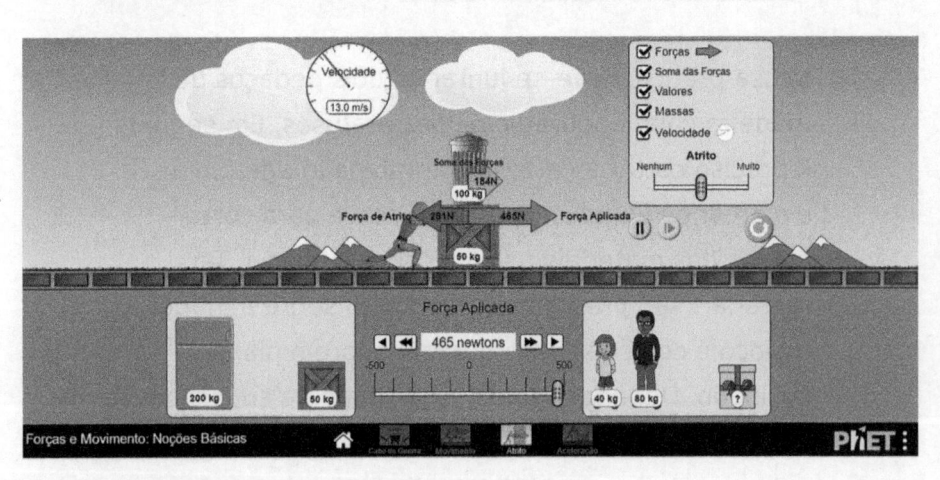

Fonte: PHET Interactive Simulations, 2020e.

g) A avaliação pode ser feita por meio de questionário *on-line* (Google Forms – Formulários Google) com perguntas qualitativas e quantitativas que remetam ao experimento e à simulação realizados, fornecendo-se um *feedback* imediato das questões.

4.4 Força centrípeta e aplicações

A força no movimento circular pode ser ilustrada por meio de motocicletas em globo da morte; carros e motocicletas em curvas; esferas presas a fios e girando; ciclistas em velódromos; movimento de satélites em torno da Terra; *looping* de montanha-russa; rodas-gigantes e outros brinquedos de parques de diversão; máquinas de lavar etc. Além disso, em algumas dessas situações, ela pode ser explicada juntamente com o atrito.

Existe uma prática simples que pode ser usada como demonstração da força centrípeta: a máquina de lavar roupa feita com garrafa plástica (Figura 4.5).

Figura 4.5 – Experimento de força centrípeta: máquina de lavar feita com garrafa plástica

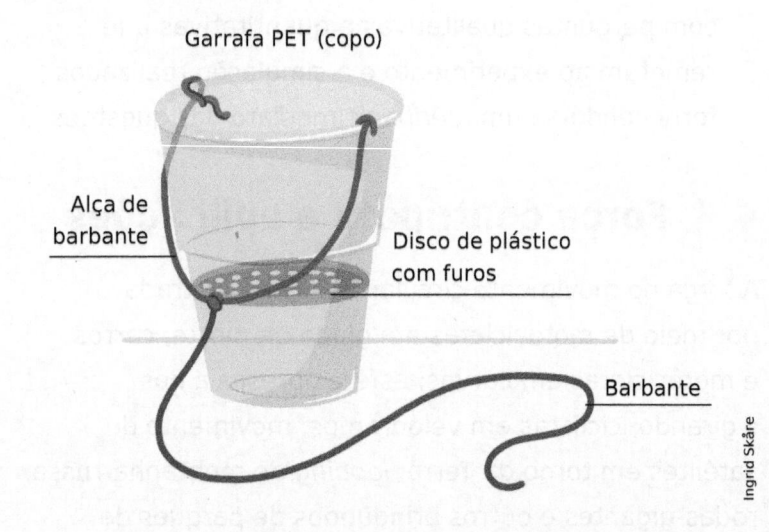

Garrafa PET (copo)
Alça de barbante
Disco de plástico com furos
Barbante

Ingrid Skåre

Nesse caso, é necessário girar a montagem. Primeiramente, coloca-se um pano molhado dentro da garrafa e, enquanto ela gira, a água passa pelos furos e se acumula no fundo da garrafa. Essa é uma prática interativa e pode passar de mão em mão entre os alunos, de modo que, enquanto eles realizam a prática, as explicações e os questionamentos vão acontecendo.

Como sugestão de sequência didática para trabalhar com a força centrípeta, indicamos as seguintes etapas:

a) Iniciar com um texto sobre os satélites de comunicação e de pesquisa e explicar de forma básica a força centrípeta e por que ela acontece.

b) Convidar os alunos a fazer uma pesquisa de imagens, para a aula seguinte, sobre objetos em órbita: satélites de comunicação, de pesquisa, militares, estação espacial, lixo espacial.
c) Propiciar a realização da demonstração e a discussão das imagens pesquisadas.
d) Fazer uma cruzadinha com os temas discutidos em duplas.

Ainda, é possível propor a montagem de um painel em sala com as melhores imagens pesquisadas pelos alunos. Esse painel pode ser fixado no quadro durante as demonstrações e as discussões. Contudo, é preciso preparar os questionamentos feitos aos alunos, considerando-se o alcance de suas análises a respeito das situações propostas, e exigir que respondam de acordo com o conceito correto. Para a cruzadinha, é possível utilizar um gerador de palavras cruzadas, como o Educolorir, e propor um jogo. A cruzadinha deve contemplar os temas estudados e discutidos. Uma opção é separar a turma em seis grupos e entregar uma cruzadinha para cada grupo. O último grupo a concluir a tarefa pode pagar uma "prenda" para o grupo que entregou primeiro.

Outra sugestão é produzir um trabalho acadêmico. Para tanto, pode-se gravar em áudio as demonstrações e as discussões das imagens pesquisadas para, na sequência, fazer uma análise de conteúdo em que se apontem os indícios de aprendizagem, se discuta a dinâmica do grupo de alunos nesse tipo de atividade ou se examinem os aspectos de aprendizagem conforme uma das teorias de aprendizagem. Para isso, é preciso fazer um termo de autorização para uso de imagem, que inclui também o áudio. Modelos desse termo podem ser encontrados na internet e adaptados para o que se precisar. Afinal, produzir conhecimento e compartilhá-lo também é importante.

4.5 Estática dos corpos rígidos

Algumas aplicações do centro de gravidade e das condições de equilíbrio estão presentes no equilíbrio de estruturas de engenharia (pontes, prédios), no estudo dos aspectos biomecânicos relacionados ao equilíbrio e ao controle postural (Figura 4.6), no equilíbrio estático e dinâmico em pessoas idosas, no posicionamento do centro de gravidade durante a realização de esportes (canoagem, esqui, *surf*), na manutenção do equilíbrio na dança, no equilíbrio de obras de arte etc.

Figura 4.6 – Biomecânica: equilíbrio e centro de gravidade

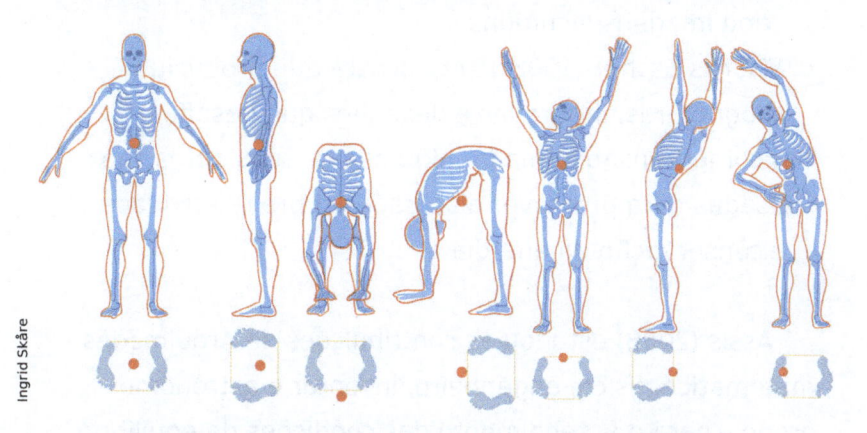

Ingrid Skåre

Como uma das propostas de reflexão deste livro é o uso da arte no ensino de Física, cabe observar que existem diversos artistas que podem ser considerados como elementos para a promoção de debates e a construção de conteúdos. Nesse sentido, há inúmeras perspectivas artísticas que podem auxiliar no ensino de Física. Alguns exemplos são:

1. Abraham Palatnik (1928-2020), artista plástico que trabalhou com esculturas cinéticas.
2. Joseph Wright, conhecido como Derby (1734-1797), pintor do século XVIII que retratou a ciência de forma interativa no período da Revolução Industrial.
3. Abelardo Morell (1972-), fotógrafo cubano que rodou o mundo tirando fotos com câmeras escuras.

4. René Magritte (1898-1967), artista surrealista que criou imagens incomuns.
5. Maurits Escher (1898-1972), artista que produziu xilogravuras, litografias e desenhos que desafiam a compreensão humana. Algumas de suas obras são usadas para promover discussões sobre relatividade e conservação da energia.

    Assis (2008) estudou as contribuições de Arquimedes – matemático, físico, engenheiro, inventor e astrônomo grego – para o entendimento das condições de equilíbrio e o estabelecimento do centro de gravidade. No livro *Arquimedes, o centro de gravidade e a lei da alavanca*, o autor descreve práticas que podem ser realizadas de forma que o aluno construa o conceito de centro de gravidade. Assis (2008) parte de atividades práticas simples, abordando primeiramente as figuras planas e depois os sólidos. Ora os corpos são apoiados, ora são suspensos. Com isso, o autor analisa pontos e linhas de gravidade e chega a uma definição geral para o centro de gravidade: "**Centro de gravidade** de um corpo é o ponto de encontro de todas as verticais passando pelos pontos de suspensão do corpo quando ele está em equilíbrio e tem liberdade para girar ao redor destes pontos" (Assis, 2008, p. 73, grifo nosso), considerando que **corpo rígido** é "qualquer corpo cujas partes não mudam de posição relativa entre si enquanto o corpo está parado ou enquanto se desloca em relação a outros corpos" (Assis, 2008, p. 46).

Já Assis e Ravanelli (2008) analisaram a abordagem do centro de gravidade em livros de ensino médio e superior e constataram que poucos tratam dessa temática de forma suficientemente clara. Por isso, sugerem como sequência didática começar o estudo sobre centro de gravidade

> apresentando experiências simples de equilíbrio de corpos rígidos. Seriam então observadas as principais propriedades observadas empiricamente. Com isto se poderia chegar à definição conceitual do centro de gravidade [...]. Depois seria apresentada a lei empírica da alavanca. Só então se chegaria finalmente à expressão matemática do centro de gravidade.
> (Assis; Ravanelli, 2008)

Na Figura 4.7, apresentamos um exemplo de experiência simples, realizada a partir de pesquisas de moldes de figuras para experimentos sobre centro de gravidade, como é o caso da versão origami do pássaro equilibrista. Dando sequência à proposta de Assis e Ravanelli (2008), poderíamos acrescentar a produção de uma escultura que considere o conceito do centro de gravidade (Figura 4.8). Trata-se de uma atividade que exige bastante criatividade e entendimento do conceito por parte do aluno.

Figura 4.7 – Experiência sobre centro de gravidade: pássaro equilibrista

Ingrid Skåre

Figura 4.8 – Experiência sobre centro de gravidade: a equilibrista

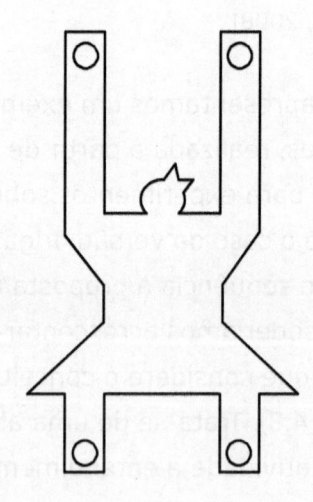

Radiação residual

Os experimentos de dinâmica utilizam construções de modelos, testes de hipóteses e elaboração de gráficos, além de possibilitarem a execução de projetos interdisciplinares com temas envolvendo biologia, fisioterapia e arte. Como situações-problema e questões de reflexão, os temas estão mais próximos do cotidiano e abrangem assuntos simples, como afazeres domésticos, saúde, arte, brincadeiras e brinquedos. Nessa perspectiva, neste capítulo, sugerimos experimentos, demonstrações, construções, simulações, infográficos, tirinhas e formulários *on-line*, bem como outras aplicações que permitem pensar em projetos interdisciplinares.

Na dinâmica, o instrumento de medida é o dinamômetro, com o qual podem ser concebidas diversas práticas. Na Seção 4.1, vimos sua aplicação em relação à força elástica, mas essa ferramenta também aparece em experimentos com associação de blocos, polias, força de tração, entre outros. A força elástica está presente, por exemplo, no *bungee jumping*, no arco e flecha, nos elásticos de cabelo e nos estilingues, nas molas da suspensão de carros e caminhões, nos colchões, nas engrenagens de um cortador de grama, na válvula *pump* das embalagens plásticas para sabonetes líquidos e cremes, nos brinquedos etc. É essa diversidade de usos que possibilita a elaboração de discussões ricas.

Na seção destinada ao estudo do equilíbrio de forças, a sugestão foi a construção de talha, polia fixa e alavanca partindo-se de uma tirinha. Perceba que o que vai motivar uma construção, experimentação ou demonstração pode ser qualquer tema ligado à física. Se a ideia fosse utilizar o corpo humano, um artigo sobre a força muscular ou a estrutura muscular poderia introduzir a discussão, antecipando a construção das alavancas.

Quanto à força de atrito, utilizamos a rampa como exemplificação, por se tratar de um elemento muito versátil. Uma vez que o professor construa uma, pode usá-la em vários conteúdos de forma qualitativa e quantitativa. A construção é fácil, porém, conforme a sequência didática exposta neste capítulo, a simulação precisa ser estudada com cautela. Ao realizar as simulações, é necessário pensar nas questões que serão propostas aos alunos, considerando-se o que a própria simulação oferece. Indicamos que se elabore um roteiro com desafios e questões, visto que os alunos interagem enquanto se sentem atraídos pelo "novo", mas poucos minutos depois acabam se dispersando mentalmente. No PhET, assim como em outras páginas com simulações de física, é possível fazer o *download* de roteiros para serem utilizados em sala.

No que diz respeito à força centrípeta, a sugestão foi utilizar demonstrações. Como explicamos, a demonstração é uma atividade experimental para a comprovação de conceitos, leis ou fenômenos físicos. Nas duas práticas sugeridas neste capítulo, o aluno pode sentir a atuação da força e compreender o resultado dela, com a água sendo escoada ou o bloco sendo suspenso com o aumento da velocidade. Nesse sentido, a curiosidade é a resposta que o professor deve esperar ao estímulo oferecido. A sequência ainda contempla leitura e discussão de textos, pesquisa de imagens e cruzadinha.

Por fim, enfocamos a estática, que não é um conteúdo privilegiado em Física. Muitos professores, principalmente de ensino médio, deixaram de considerá-la em seus planejamentos. Por isso, ao abordá-la, é preciso estudar o conteúdo com atenção antecipadamente. Assis e Ravanelli (2008) citam trechos de livros de ensino médio e superior, utilizados para planejar aulas, mostrando que determinados assuntos são redundantes ou incoerentes. Os autores explicitam a falta de rigor com que o conteúdo é tratado em termos físicos e históricos. Isso conduz o aluno à ideia errada sobre um conceito tão importante quanto o centro de gravidade. Para o professor, é necessário, para não dizer obrigatório, manter-se atualizado, estudando os conteúdos de forma reiterada, a fim de contornar possíveis equívocos didáticos.

Testes quânticos

1) Antes de realizar ou propor uma prática, é preciso estudar e perceber quais partes do conteúdo necessitam de mais atenção por serem potencialmente entendidas de maneira errada. Sob essa perspectiva, a respeito da lei de Hooke, assinale a alternativa **incorreta**:
   a) Vetorialmente é expressa por $\vec{F}_{el} = k \cdot \vec{\Delta x}$.
   b) A constante elástica da mola traduz a rigidez da mola.
   c) Está relacionada à elasticidade dos corpos.
   d) Apresenta sentido oposto à deformação.
   e) A força elástica é considerada uma força restauradora.

2) O infográfico consiste em uma espécie de representação visual gráfica que auxilia na apresentação de dados e na explicação de questões complexas, facilitando a compreensão. Os infográficos são encontrados, geralmente, em manuais técnicos, educativos ou científicos. Tendo isso em vista, assinale a alternativa que apresenta uma das utilizações do infográfico:
   a) Produção de cartazes.
   b) Apresentação de pesquisas.
   c) Organização prévia.
   d) Avaliação.
   e) Todas as alternativas anteriores.

3) Leia o seguinte trecho:

O trem Maglev funciona pelo princípio de atração e repulsão entre dois campos magnéticos gerados por potentes imãs instalados no trem e nas vias que percorre. Essa interação entre campos possibilita a elevação do trem sobre os trilhos e seu deslizamento suave. Um trem magnético, como o da linha de Shangai-China, pode alcançar uma velocidade de 431 km/h, fazendo com que percursos de 30 km sejam realizados em 7 minutos (Civitatis, 2020).

Agora, analise as temáticas a seguir, que se referem a conteúdos de dinâmica e assuntos transversais, e identifique quais delas podem ser trabalhadas em interface com as informações do trecho lido.

I) Conceito de velocidade e aceleração.
II) Força magnética e eletroímãs.
III) Mobilidade urbana.
IV) Leis de Newton e força de atrito.
V) Sondas espaciais (Landers ou Rovers)

Estão corretos os itens:

a) I e II.
b) I, II e III.
c) I, III e IV.
d) III, IV e V.
e) I, II, III, IV e V.

4) Sobre o centro de gravidade de corpos rígidos, assinale a alternativa **incorreta**:
   a) O centro de gravidade não é necessariamente o ponto que divide o corpo em duas áreas iguais ou em dois pesos iguais.
   b) Existem alguns corpos ocos ou com buracos que não têm um centro específico de gravidade, mas toda uma linha de gravidade.
   c) Nos casos em que o centro de gravidade está localizado fora do corpo, não é necessário que seja estabelecida uma ligação material entre esse ponto e o corpo a fim de que ele permaneça em equilíbrio ao ser solto do repouso apoiado sob esse ponto.
   d) Nem sempre o centro de gravidade está "no corpo", ou seja, nem sempre ele está localizado em alguma parte material do corpo.
   e) Muitos corpos geométricos têm mais de um centro de gravidade. Pode-se falar até mesmo em pontos, linhas ou superfícies de gravidade, em vez de um "centro" de gravidade para cada corpo.

5) O movimento é algo complexo e, em física, costuma-se observar partes dessa complexidade para melhor entender o todo. A esse respeito, leia o exemplo a seguir:

   Quando um carro faz uma curva, há uma resultante _____ que corresponde basicamente à força de atrito.

Em dias de chuva ou caso haja óleo na estrada,
o coeficiente de atrito pode ficar muito pequeno
e, desse modo, diminuir a força _____ necessária para
fazer a curva, podendo causar o deslizamento de carros
no asfalto. (Pietrocola, 2017, p. 215)

A palavra/conceito que melhor preenche as lacunas é:

a) peso.
b) centrípeta.
c) elástica.
d) centrífuga.
e) atrito.

Interações teóricas

Questões para reflexão

1) Leia os fragmentos a seguir sobre física e cultura:

   O ensino de física dominante se restringe
   à memorização de fórmulas aplicadas na solução de
   exercícios típicos de exames vestibulares. Para mudar
   esse quadro o ensino de física não pode prescindir,
   além de um número mínimo de aulas, da conceituação
   teórica, da experimentação, da história da física,
   da filosofia da ciência e de sua ligação com a sociedade
   e com outras áreas da cultura. Isso favoreceria
   a construção de uma educação problematizadora,
   crítica, ativa, engajada na luta pela transformação
   social. (Zanetic, 2005, p. 21)

Por exemplo, vamos imaginar um professor de física que estivesse discutindo com seus alunos o conceito de velocidade de escape, ou seja, o valor mínimo de velocidade que deve ser fornecida a um corpo na superfície da Terra a fim de que se liberte da gravidade terrestre. Depois de ter discutido vários conceitos básicos, como forças conservativas, o trabalho da força gravitacional, energia cinética, entre outros, e ter desenvolvido os respectivos cálculos, chega-se à expressão da velocidade de escape. O professor sugere que seus alunos leiam o livro *A viagem ao redor da Lua*, de **Júlio Verne**, onde a viagem teria sido feita através de um projétil de artilharia que partiria da superfície terrestre com a velocidade de escape mínima necessária, de acordo com os cálculos anteriormente apresentados pelo professor. O professor poderia explicar para seus alunos porque tal projétil não chegaria à Lua, da forma descrita por Júlio Verne, comentando o atrito que ele sofreria com a atmosfera, o calor gerado, etc, etc. Ou então, já que ele está também interessado em que seus alunos leiam bons textos sobre a física, ele poderia sugerir a leitura de um texto do físico com veia literária **George Gamow**.
(Zanetic, 2006, p. 53-54, grifo nosso)

Zanetic (2005, 2006) defende o uso da literatura para o ensino de Física e propõe obras para esse fim em seus artigos. Como você usaria a arte para explicar a física? Faça um exercício de reflexão pensando em como você poderia utilizar esculturas. Uma sugestão de artista é o escultor Emil Alzamora.

2) Pesquise tirinhas sobre temas da área de física (gravitação, cinemática etc.). Você pode encontrar essas temáticas em tirinhas da Turma da Mônica, do Garfield, da Mafalda e em *blogs* que elaboram charges voltadas exclusivamente à física. Depois dessa pesquisa, elabore uma discussão que parta do tema da tirinha como situação-problema. Pense em como direcionar esse tema ao conteúdo que você quer introduzir ou trabalhar em sala.

Atividade aplicada: prática

1) Elabore uma sequência didática para a construção do conceito de centro de gravidade a partir da sequência proposta por Assis (2008) no livro *Arquimedes, o centro de gravidade e a lei da alavanca*. Utilize o modelo de prática separando-o por etapas e aulas. Especifique o que será discutido e feito em cada aula.

Sequências didáticas para o ensino de conservação da energia e gravitação universal

5

As práticas em ciências estão repletas de condições de validade. Nas práticas de conservação da energia e gravitação universal, não é diferente. Um professor pode fazer uma explicação de 20 minutos usando um mapa conceitual ou um resumo esquemático sobre esses temas. A questão é que o modelo físico é ótimo para cálculos, principalmente porque considera os fenômenos ideais. Porém, discutir os fenômenos como acontecem na natureza e tentando entender o que está de fato ocorrendo nas transformações de energia ou no movimento dos planetas, por exemplo, é o que torna a ciência interessante. O professor pode abordar os detalhes desse mundo real mesmo em práticas idealizadas. Sob essa ótica, neste capítulo, exploraremos simuladores, experimentos e maquetes. Lembre-se de que é você, leitor, quem elaborará o roteiro para trabalhar com essas temáticas em aula! Teste as possibilidades e busque melhorar suas atividades de ensino-aprendizagem.

5.1 Conservação da energia mecânica

No estudo da conservação da energia mecânica, são abordados os conceitos de energia cinética, energia potencial gravitacional e elástica, sistemas conservativos e não conservativos, bem como forças conservativas e não conservativas. As aplicações estão evidenciadas em montanhas-russas e no *looping* de aeronaves, no movimento de um skatista em uma rampa, em ondas e sistemas de massa-mola, arco e flecha, estilingues, bate-estaca, assim como em proposições interdisciplinares, como os ciclos do carbono e da água, os *tsunamis*, as usinas de energia, o metabolismo dos organismos, a fotossíntese, o aquecimento global, as fontes de energia renováveis e não renováveis, entre outras.

Nessa perspectiva, nesta e nas próximas duas seções, vamos analisar as **simulações** do PhET (Simulações Interativas para Ciência e Matemática da Universidade da Califórnia – EUA) e do Núcleo de Construção de Objetos de Aprendizagem (NOA), da Universidade Federal da Paraíba, buscando elucidar como utilizá-las em uma sequência didática ou em um projeto.

Em suas simulações de código aberto, o PhET usa a linguagem de programação Java, a linguagem de marcação HTML5 e o *plugin* Flash Player. As simulações em Java precisam ser baixadas, as que utilizam Flash necessitam da permissão no navegador, e as em HTML5 são executadas no próprio navegador, o que facilita o uso. O PhET aborda conteúdos de Física (Figura 5.1), Ciências da Terra, Biologia, Matemática e Química.

Figura 5.1 – *Print screen* de simulações para conservação da energia em Java e HTML5

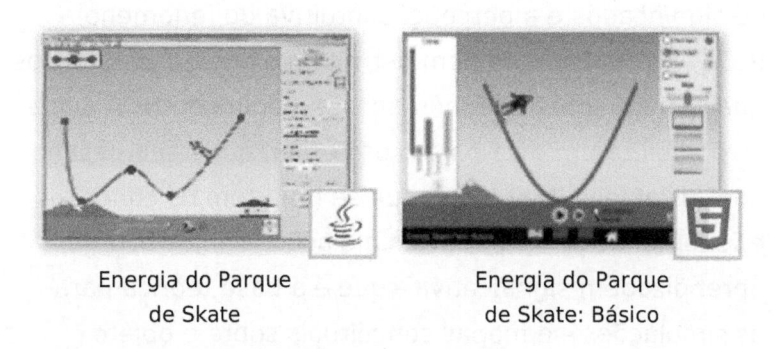

Energia do Parque de Skate

Energia do Parque de Skate: Básico

Fonte: PhET Interactive Simulations, 2020c, 2020d.

Segundo a descrição presente na página do PhET, suas simulações envolvem os alunos mediante um ambiente intuitivo, em que eles aprendem por meio da exploração e da descoberta (PhET Interactive Simulations, 2020a). O *site* disponibiliza dicas para professores em arquivo PDF com a visão geral dos controles de simulação, modelos de simplificações, *insights* sobre o pensamento do aluno, vídeo introdutório e atividades compartilhadas por professores. Também é possível compartilhar as sequências didáticas na página.

Já o NOA apresenta os objetos de aprendizagem (OAs) divididos nos seguintes tópicos: cinemática; dinâmica; conservação da energia; conservação do momento linear e angular; hidrostática; termodinâmica; ondas; eletromagnetismo; e física moderna.

Entre os objetivos das simulações, podemos citar o de estimular a curiosidade, a intuição, a construção pessoal de significados e a percepção intuitiva do fenômeno (NOA, 2009). Elas também permitem a análise de gráficos qualitativos sobre os fenômenos. A página do NOA ainda disponibiliza um guia para o professor, questões-desafio para os alunos, textos em que se discutem os conceitos e fenômenos da respectiva simulação, artigos sobre aprendizagem significativa – que é a base teórica para as simulações – e mapas conceituais sobre o objeto de aprendizagem e sobre os conceitos. Na simulação/animação interativa, existe um botão para o mapa conceitual do objeto de aprendizagem. Na perspectiva da base teórica assumida, as animações interativas e os mapas conceituais podem funcionar como organizadores prévios.

Na Figura 5.2 constam duas possibilidades de simulação dentro do simulador do PhET chamado "Energia do Park de Skate: Básico". Os controles, à direita da simulação, permitem escolher gráficos de barra e setores para as energias envolvidas, mostram grade com valor para altura, indicam a velocidade, modificam a massa do skatista e interferem no atrito com a pista. Na primeira imagem, a pista é montada pelo aluno; na segunda, ele pode escolher entre os três tipos apresentados.

Figura 5.2 – *Print screen* do simulador "Energia do Park de Skate: Básico"

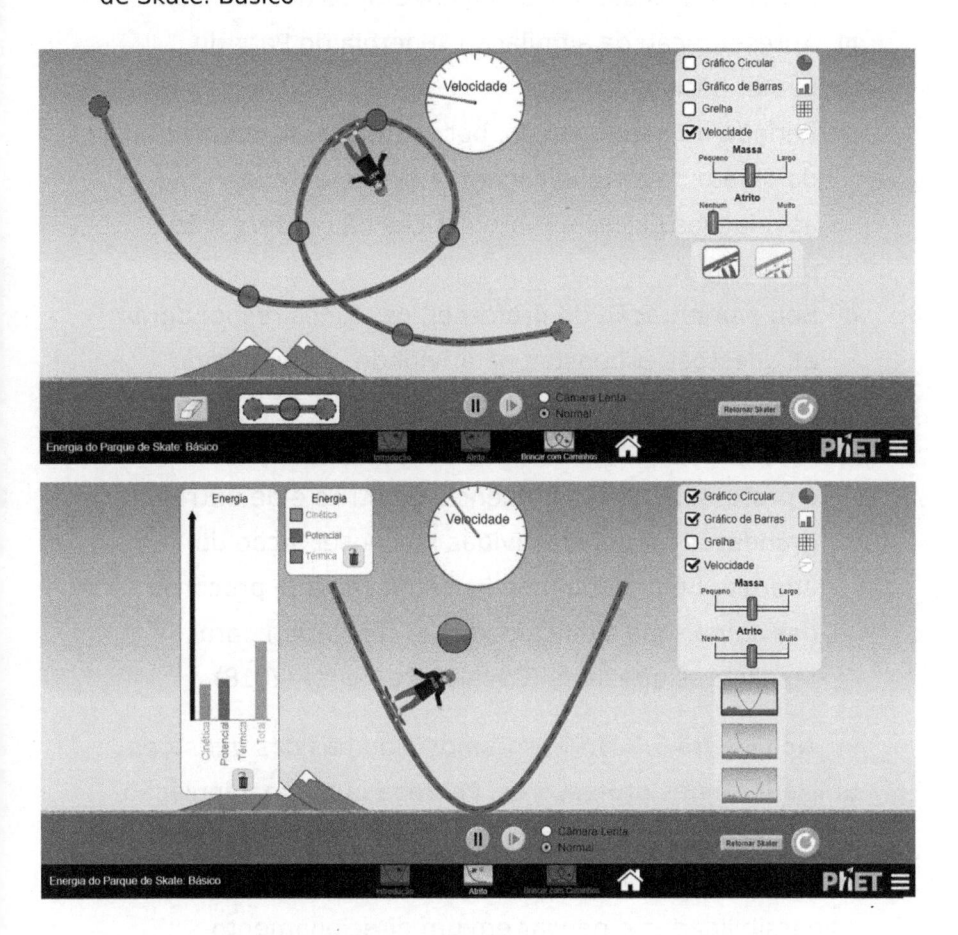

Fonte: PhET Interactive Simulations, 2020d.

Cavalcante e Sales (2018) utilizaram esse simulador e elaboraram perguntas que o aluno respondia conforme interagia com o simulador. A sequência didática adotada pelos autores e disponibilizada na página das simulações foi a seguinte:

a) Introdução com exposição dialogada de exemplos do cotidiano dos alunos envolvendo tipos de energia.
b) Apresentação da simulação "Energia do Park de Skate: Básico".
c) Período de manipulação, por parte dos alunos, do objeto de aprendizagem, a fim de entender as relações físicas e matemáticas na conservação da energia.
d) Sob a orientação do professor, os alunos responderam às questões propostas na atividade, manipulando o objeto de aprendizagem.
e) A finalização implicou uma discussão entre alunos e professor sobre a influência do atrito e de outras grandezas físicas envolvidas na conservação da energia, bem como uma investigação que procurou desvendar quais dificuldades encontraram para resolver as questões (Cavalcante; Sales, 2018).

No Quadro 5.1, apresentamos algumas das questões utilizadas pelos professores. Perceba que a manipulação da simulação é que gerou essas questões. Para propor práticas com simuladores, o professor precisa testar as possibilidades e pensar em um direcionamento conforme o conteúdo a ser abordado.

Quadro 5.1 – Exemplos de questões baseadas em simulação no PhET

Questão proposta	Imagem do simulador associada
Vá em "Friction" (indicado na seta vermelha), altere o valor de "Friction" (indicado na seta verde) para "none" (zerando-a) e coloque o skatista para se movimentar na pista e observe que ele não irá parar. Aos poucos, aumente o valor de "Friction" (indicado na seta verde) e observe que o seu movimento vai parando. Por que isso aconteceu?	
Como estará o gráfico de energia mecânica quando o skatista atingir a altura máxima do movimento na pista? Despreze o atrito na pista.	a) b) c) d)

(continua)

(Quadro 5.1 – conclusão)

Questão proposta	Imagem do simulador associada
Se alterarmos a massa do skatista (indicado na seta vermelha), o que acontecerá com o valor da energia potencial gravitacional? Explique.	
Após começar o movimento, até qual ponto (A, B ou C) o skatista irá chegar até começar a voltar à posição inicial? Explique.	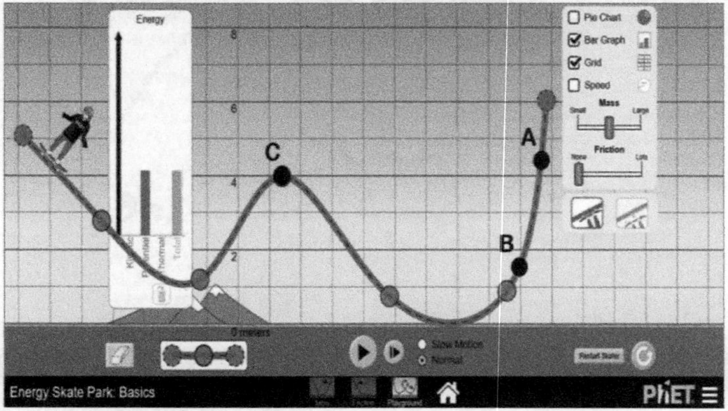

Fonte: Elaborado com base em Cavalcante; Sales, 2018.

Para Gonçalves, Veit e Silveira (2006), para a escolha do simulador, é preciso considerar as relações com os conhecimentos prévios dos alunos. Também é importante apresentar o conteúdo com clareza, bem como prezar por uma boa qualidade de imagens, sons e textos, para motivar a investigação e a interatividade sem deixar de promover a reflexão sobre o conteúdo.

5.2 Colisões

Os temas mais abordados que envolvem colisões são os testes de colisão para carros, o uso de cinto de segurança, os *airbags*, as batidas de carros ou outros móveis, as infrações de trânsito, os carrinhos de bate-bate, os aceleradores de partículas e as bolas de bilhar.

Fonseca Filho (2019) propôs um estudo de colisões por meio do simulador "Laboratório de Colisões" do PhET (Figura 5.3) e da realização de um jogo pela plataforma Kahoot. Sobre sua escolha de abordagem, o autor argumenta a respeito da importância da tecnologia no panorama atual e do uso de jogos e brincadeiras. Fonseca Filho (2019) parte de referenciais teóricos como Piaget e Vygotsky, uma vez que, para ambos, as atividades lúdicas e os jogos promovem a assimilação funcional, o estímulo no desenvolvimento de processos internos de construção do conhecimento, o desenvolvimento do pensamento abstrato, as interações com os pares, bem como com objetos e ações.

Figura 5.3 – *Print screen* do simulador "Laboratório de Colisões"

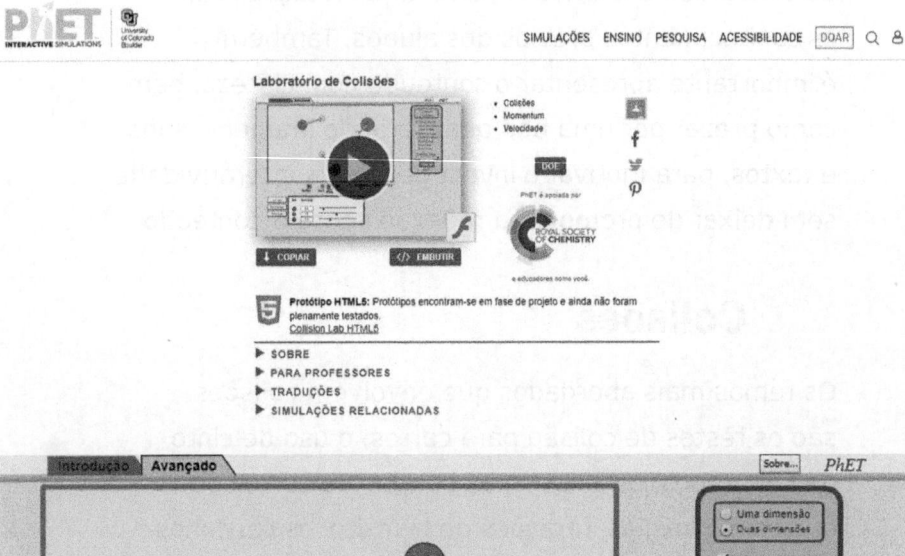

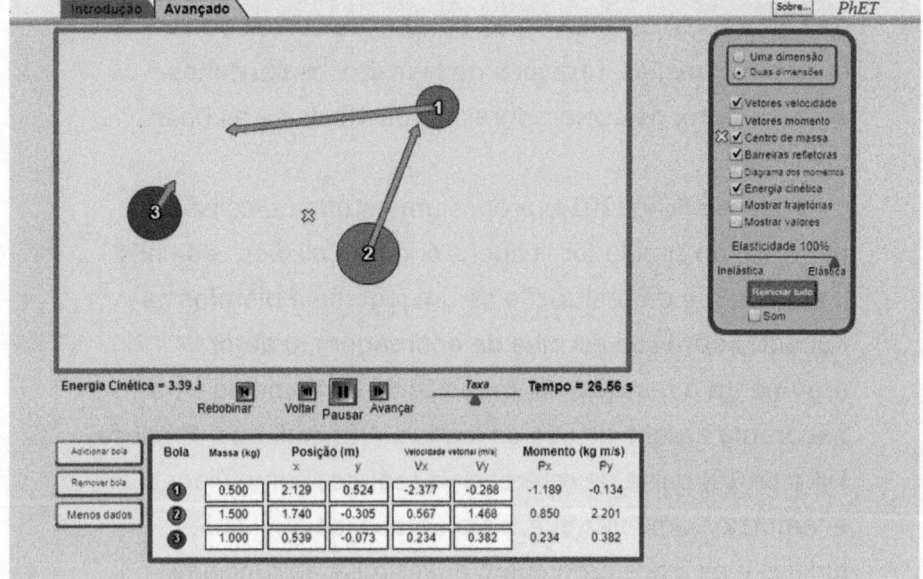

Fonte: PhET Interactive Simulations, 2020b.

A partir das simulações, pode-se elaborar questões tanto para avaliação diagnóstica, no início da abordagem do conteúdo, quanto para fixação, aplicação e/ou avaliação dos conceitos estudados, no final do processo. Desse modo, o professor tem de interagir com a simulação e elaborar questões que revelem ao aluno o que ele deve observar ou tentar entender.

O Kahoot é uma plataforma de ensino gratuita que funciona como um *gameshow*, "fundada em 2012 por Morten Versvik, Johan Brand e Jamie Brooker, que, em um projeto conjunto com a Universidade Norueguesa de Tecnologia e Ciência (NTNU), formaram uma parceria com o professor Alf Inge Wang e mais tarde se juntaram ao empresário norueguês Åsmund Furuseth" (Kahoot, 2020a, tradução nossa).

Nessa plataforma, os professores criam questionários de múltipla escolha (com quatro opções), e os alunos participam virtualmente, cada um em seu dispositivo (computador, *tablet* ou celular). Eles não precisam criar uma conta, pois, quando o professor elabora seu *quiz*, um código (*game PIN*) é gerado e é com ele que os alunos acessam o *quiz* criado pelo professor. Para os alunos acessarem a plataforma por celular, é necessário fazer o *download* do aplicativo.

Figura 5.4 – *Print screen* da tela de criação de *quiz* no Kahoot

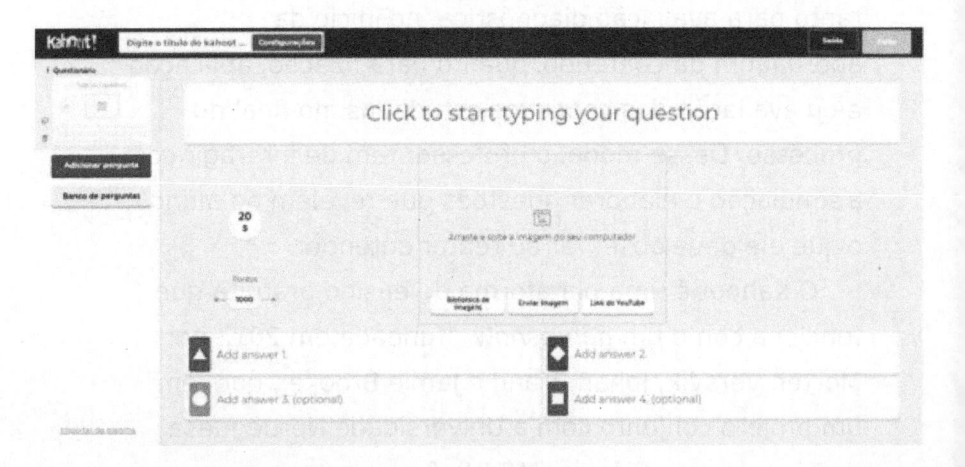

Fonte: Kahoot, 2020b.

Caso o professor utilize o Kahoot com a intenção de fixar ou aprofundar conteúdos previamente estudados em sala ou em estudo dirigido em casa, a plataforma torna-se uma maneira de aplicar o conceito de sala de aula invertida. Os alunos podem participar das atividades tanto individualmente quanto em grupo. Quando divididos em grupos, é possível promover a discussão dos temas por meio da interação entre os colegas, o que consiste em uma estratégia de metodologia ativa.

Entre as possibilidades de questionários, o Kahoot disponibiliza os seguintes tipos: *quiz*, *discussion* e *survey*, *quiz* ou *survey* – que permitem construir e aplicar questionários –, além do *discussion*, que possibilita inserir questões para iniciar um debate. Se o professor quiser promover uma competição, o modelo *quiz* gerará um *ranking* de alunos de acordo com a rapidez e o número de respostas corretas às questões propostas. Já o *survey* permite responder ao mesmo conjunto de questões, mas sem incluir *rankings* e sem pressupor a existência de respostas corretas (Fonseca Filho, 2019). Ainda, o professor pode anexar às questões imagens e vídeos ou escolher as perguntas que integram o banco da plataforma.

Figura 5.5 – *Print screen* do vídeo inserido em *quiz* no Kahoot

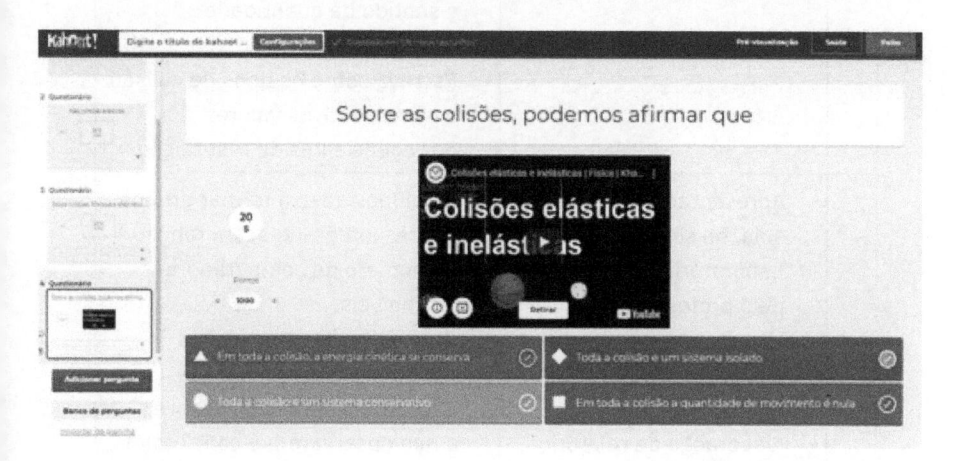

Fonte: Kahoot, 2020b.

A sequência didática escolhida por Fonseca Filho (2019) consistiu em três momentos, conforme resumido no Quadro 5.2.

Quadro 5.2 – Sequência: simulador e jogo

	Momentos	Direcionamentos
1.	• Conteúdo e perguntas sobre o entendimento conceitual. • Aula tradicional e sem uso de tecnologias de comunicação. • Questões avaliativas. • Resolução de questões em grupos de três alunos.	Questões: • Em que tipo de grandeza a quantidade de movimento se caracteriza? • As forças internas podem gerar variação na quantidade de movimento total de um sistema? • Qual é a grandeza que tem a mesma direção e sentido da quantidade de movimento? • Escreva sobre os tipos de colisão e os respectivos valores dos coeficientes de restituição.
2.	• Apresentação, em sala de aula, do simulador PhET – "Laboratório de Colisões" – pelo professor. • Uso do simulador pelos alunos no laboratório de informática. • Elaboração de relatório.	• Os alunos devem formar grupos de três integrantes, em função do número de computadores disponíveis. • Realização das simulações em uma e duas dimensões. • Confecção de relatório sobre o que observaram e concluíram dos experimentos. Obs.: O relatório tem de ser baseado na experiência com o simulador, e não nas questões elaboradas pelo professor.

(continua)

(Quadro 5.2 – conclusão)

Momentos	Direcionamentos
3.	• Apresentação do Kahoot e jogo via aplicativo. • Uso do *quiz* como forma avaliativa.	• Os alunos devem formar grupos de três integrantes, em função do número de celulares disponíveis. • Após o *download* do aplicativo, é preciso inserir o código e começar o jogo. • As perguntas têm de estar projetadas no quadro e as equipes, cada qual com um celular, devem responder às questões. Tempo de resposta de cada questão: 2,6 minutos.

Fonte: Elaborado com base em Fonseca Filho, 2019.

Fonseca Filho (2009), com base nas avaliações realizadas, averiguou o uso das tecnologias empregadas e constatou que o número de acertos nas questões teve um aumento quantitativo e qualitativo. Segundo o autor, a validação ocorreu por meio de duas avaliações,

> uma antes da aplicação do simulador e sem o uso do game, e outra depois da aplicação do simulador e com o uso do game. A porcentagem de acertos na primeira e na segunda avaliação foi 50,0% e 85,7%, respectivamente, [...]. Este alto ganho mostrou que o uso do simulador e do game teve uma influência positiva significativa na aprendizagem do conteúdo de quantidade de movimento e colisões. (Fonseca Filho, 2019, p. 61)

Nesse caso, o professor estava buscando estratégias que atingissem seus objetivos e quantificou os resultados alcançados. Fonseca Filho (2019) escreveu um artigo científico com a análise de seus resultados. Ele buscou a convergência entre a fala e a prática, o que, para Vygotsky (1994, p. 33), "dá origem às formas puramente humanas de inteligência prática e abstrata".

5.3 Conservação do momento angular

As aplicações da conservação do momento angular podem ser verificadas nas seguintes temáticas: giroscópios (utilizados para a orientação de navios e aeronaves); saltos ornamentais; hélices e rotores de helicópteros; impulso para balançar; manobra que os gatos fazem para cair em pé; manobras de satélites artificiais; movimento de um pião; rodas em geral; movimento de precessão da Terra; rodopios de bailarinos e patinadores; e, claro, em alguns experimentos clássicos realizados na sala de ciências, como a plataforma giratória e/ou o banco giratório + halteres, conforme demonstra a Figura 5.6.

Figura 5.6 – Conservação do momento angular: cadeira giratória e plataforma giratória

Ingrid Skåre

Os experimentos ilustrados na Figura 5.6 são opções de demonstrações, e é possível utilizá-las junto com um simulador. A sequência para o desenvolvimento de atividades sobre conservação do momento angular pode ser aplicada conforme o Quadro 5.3.

Quadro 5.3 – Sugestão de sequência para conservação do momento angular

Momentos	Direcionamentos
1. • Introdução do tema e discussão das aplicações do momento angular, sem pormenorizar demais. • Promover a demonstração da cadeira giratória (Figura 5.6). • Abrir espaço na sala de aula para demonstração e discussão (não deixar alunos alinhados ou sentados longe da demonstração). • Anotar no quadro de giz os pontos de vista que forem colocados pelos alunos. • Só depois de escutar as explicações dos alunos para as aplicações e a demonstração, bem como seus questionamentos, fornecer uma explicação mais detalhada.	• Aula dialogada com imagens sobre aplicações. • Questionamentos sobre as imagens (Por que isso acontece?). • Na demonstração, deixar os alunos brincarem com a cadeira para perceber como o movimento acontece e o que o influencia. Questões: • Por que a velocidade angular diminui quando os braços estão abertos? • Por que a velocidade angular aumenta quando os braços estão fechados?

(continua)

(Quadro 5.3 – continuação)

	Momentos	Direcionamentos
2.	• Uso do simulador "Torque 1.13" do PhET (Figura 5.7) • Explicar o funcionamento do simulador (disco com dois besouros) conforme as etapas expostas na sequência: a) Para colocar o disco em movimento, é necessário impulsioná-lo usando o *mouse*. b) Os parâmetros podem ser mudados durante a simulação a fim de que se perceba o que acontece com a variação dos raios externo e interno e com espessura da plataforma (Figura 5.8). c) Os gráficos da velocidade angular, do momento de inércia e do momento angular são gravados durante a simulação.	**Figura 5.7** – Simulador "Torque 1.13" 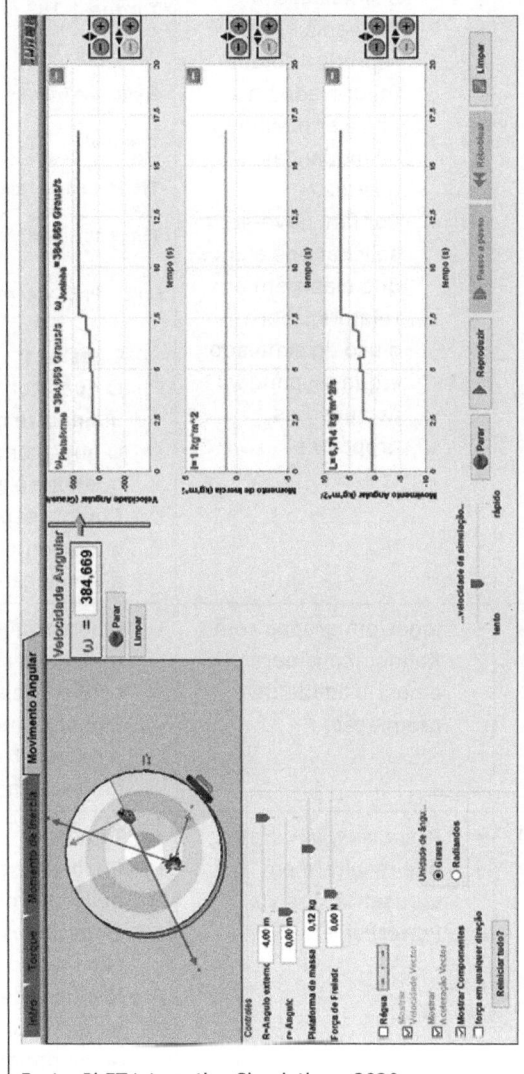 Fonte: PhET Interactive Simulations, 2020g.

(continua)

(Quadro 5.3 – conclusão)

	Momentos	Direcionamentos
	d) O aluno pode fazer a simulação e, depois, reproduzir o que foi gravado para analisar melhor as mudanças que fez. e) Por fim, deve-se solicitar aos alunos que elaborem um relatório sobre o uso do simulador e que respondam às questões propostas.	**Figura 5.8** – Controles do simulador "Torque 1.13" Controles R=Angulo externo 4,00 m r= Angulo 0,00 m Plataforma de massa 0,12 kg Força de Freiada 0,00 N Fonte: PhET Interactive Simulations, 2020g. Questões: • O que acontece com o momento angular quando se diminui o raio externo? • O que acontece com o momento angular quando se aumenta o raio interno? • Como a espessura da plataforma influencia o momento angular? De que maneira a simulação apresenta isso?
3.	• Jogos em grupos com Kahoot (considerar a possibilidade de premiação).	• Elaborar questões utilizando *print screen* da tela da simulação. Fazer perguntas que estejam relacionadas com esse escopo. • Elaborar questões utilizando a demonstração com a cadeira giratória em associação com o simulador.
4.	• Pesquisas, em grupo, que resultem em apresentações via PowerPoint.	Temas: • Importância do momento angular nos helicópteros. • Giroscópios e orientação de navios. • Movimento de precessão da Terra. • Manobra de satélites artificiais e momento angular. • Momento angular na patinação no gelo.

Assim, o primeiro momento consiste em uma análise dos conhecimentos dos alunos, a fim de construir uma base para ajustes na condução das outras partes da sequência. O simulador precisa ser bem avaliado e testado pelo professor, e os temas de pesquisa podem partir de artigos de jornal (sobre acidentes com helicópteros, sistema de navegação em navios), revistas ou vídeos (sobre os movimentos da Terra, apresentações de patinação, lançamento de satélites artificiais etc.).

5.4 Aceleração da gravidade

A aceleração da gravidade está relacionada com a força gravitacional dos corpos celestes, com a velocidade terminal de paraquedistas, bem como com condições de superfície de outros corpos celestes, e varia conforme a altitude e a latitude. Para trabalhar com a aceleração da gravidade, a sequência didática sugerida é a seguinte:

a) Utilizar tirinhas para iniciar o debate sobre a aceleração da gravidade.
b) Realizar experimentos com cálculo da aceleração da gravidade utilizando o pêndulo simples.
c) Solicitar a realização de pesquisas e, como resultado, a elaboração de infográficos.

No Quadro 5.4, apresentamos uma atividade de verificação de conceito/fenômeno que pode ser feita em grupos, com a experimentação ocupando o tempo de uma aula.

Quadro 5.4 – Sugestão de sequência didática: pêndulo simples e aceleração da gravidade

Momentos		Direcionamentos
1.	• Apresentação de duas tirinhas. Uma deve abordar colisões, conceitos de velocidade e aceleração, leis de Newton e aceleração da gravidade, e a outra deve tratar de força e peso.	• O objetivo é discutir, por meio das tirinhas, a aceleração da gravidade, mas a abordagem para se chegar a essa discussão dependerá dos conteúdos trabalhados previamente. De modo geral, a ideia é fazer com que os alunos se familiarizem com palavras que têm significados específicos em física.
2.	• Experimento do pêndulo simples e cálculo da aceleração da gravidade. • Período do pêndulo simples: $$T = 2\pi\sqrt{\frac{L}{g}}$$ • Aceleração da gravidade pela fórmula do período do pêndulo simples fica: $$g = L\left(\frac{4\pi^2}{T^2}\right)$$	• Os alunos devem trazer o material necessário para realizar o experimento em grupos de três alunos. Materiais: fio de *nylon*, massa (porca de parafuso, pedra, bola de gude etc.), régua de 30 cm ou pedaço de madeira, cronômetro, fita métrica para medir o fio.

(continua)

(Quadro 5.4 – continuação)

Momentos	Direcionamentos
• L = comprimento do fio Discutir com os alunos que a aceleração da gravidade varia conforme a altitude e a latitude e que se pode calcular a latitude do local por meio da aceleração da gravidade (Tabela 5.1). **Tabela 5.1** – Relação da aceleração da gravidade com a latitude | Latitude	g (m/s²)
0°	9,7803
15°	9,7838
30°	9,7933
45°	9,806
60°	9,8151
75°	9,8261
90°	9,8321 | Fonte: Elaborado com base em Faria, 2010.	**Figura 5.9** – Experimento com pêndulo simples e aceleração da gravidade Ingrid Skåre • O professor deve elaborar um roteiro simples com uma sequência de observações. a) Montar o pêndulo com 1 m de comprimento. b) Colocá-lo para oscilar e, com o cronômetro, marcar o tempo (período) para a realização de 10 oscilações completas. c) Dividir esse valor por 10 para conseguir o período de uma oscilação (procedimento para minimizar erros na tomada de medida de tempo). d) Calcular o valor da aceleração da gravidade do local pela fórmula do período do pêndulo simples.

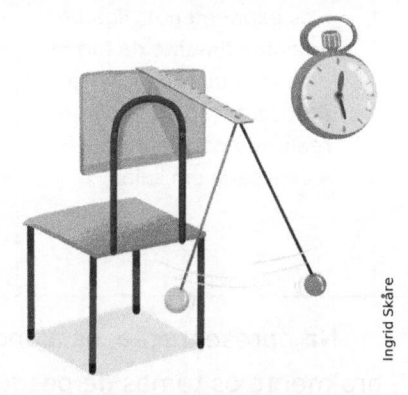

(continua)

(Quadro 5.4 – conclusão)

Momentos	Direcionamentos
3. • Pesquisas sobre a história das navegações e os experimentos ligados ao entendimento da forma e do movimento da Terra. • Apresentação de infográfico realizado pelo Infogram e explicado em sala.	Temas: • Astrolábio e latitude. • Sextante e sua precisão. • Eratóstenes e o cálculo do perímetro da Terra. • Pêndulo de Foucault e a rotação da Terra. • Mulheres na ciência: Hypatia de Alexandria (370 d.C.-415 d.C.) e as bases para a utilização do astrolábio.

Na apresentação, os alunos precisam relacionar oralmente os temas de pesquisa à aceleração da gravidade. O infográfico pode ser substituído por cartazes ou maquetes dos instrumentos e do experimento de Eratóstenes.

5.5 Modelos planetários e sistema solar atual

O ser humano é fascinado pelo céu. Desvendar a ordem do Universo e relacioná-la com o cotidiano faz parte do processo evolutivo. Quando os homens primitivos ainda viviam em cavernas, os eclipses, o nascer e o pôr do Sol, os cometas atravessando o céu e outros fenômenos que aconteciam dentro e fora de atmosfera lhes pareciam assustadores. Com o passar do tempo e com a compreensão de que certos fenômenos eram regulares, o homem começou a perceber que poderia usá-los para organizar suas atividades cotidianas, principalmente aquelas relacionadas à caça e à agricultura.

Nesse sentido, a filosofia grega foi uma grande entusiasta em tentar explicar o funcionamento do céu. Para Aristóteles (384 a.C.-322 a.C.), o Universo era finito, esférico e formado por uma série de outras esferas cristalinas rígidas e concêntricas. No centro estava a Terra, e à sua volta giravam outros astros presos a cascas esféricas, sendo a última casca incrustada de estrelas fixas (Figura 5.10). Ptolomeu (90 d.C.-168 d.C.) aperfeiçoou esse modelo planetário (cosmológico) **geocêntrico** com base em suas observações, bem como nas de Aristóteles, Hiparco, Posidônio e outros pensadores, e o descreveu em sua obra *Almagesto* (Rodrigues, 2003; Pietrocola et al., 2017).

Figura 5.10 – Modelo planetário/cosmológico geocêntrico

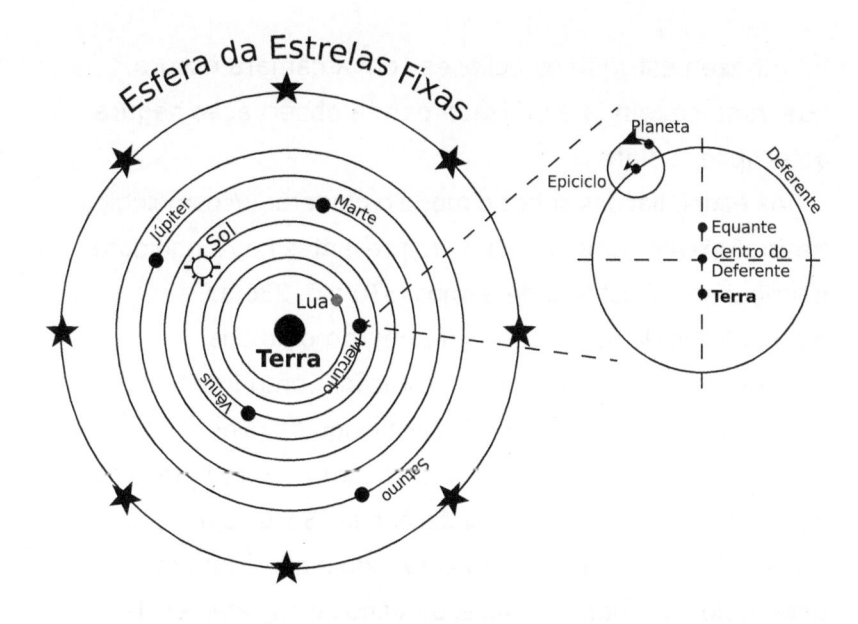

Fonte: Rodrigues, 2003, p. 10.

A física experimental surgiu no Império Árabe, na Idade Média, com os experimentos de Alhazen com a luz. É atribuído a ele o primeiro método científico experimental.

> No Império Árabe, a liberdade de pensamento era maior e a astronomia seguiu evoluindo. Observações mais precisas foram realizadas, instrumentos aperfeiçoados, e o astrônomo e matemático Ibn El Hhaytam (965-1039), cujo nome ocidentalizado era Alhazen, fez grandes desenvolvimentos no estudo da **óptica**, dando explicações mais convincentes sobre a natureza da luz. Entretanto, ninguém ousou questionar o modelo geocêntrico de Ptolomeu, com a Terra imóvel no centro do Universo. (Nogueira; Canalle, 2009, p. 34-35, grifo do original)

Alhazen estudou os eclipses com a câmara escura, que, diga-se, ainda é utilizada para a observação segura de eclipses solares.

As especulações sobre o modelo planetário/cosmológico **heliocêntrico** também estavam presentes na Antiguidade, e atribui-se a Aristarco de Samos (310 a.C.-230 a.C.) a proposição de que a Terra gira em torno do Sol e apresenta um movimento de rotação. Contudo, apenas em 1543, Copérnico (1473-1543) calculou os raios e períodos das órbitas dos planetas com uma boa precisão, apesar de considerá-las circunferências. Séculos depois, Galileu Galilei (1564-1642), observando o céu com um telescópio, descobriu as fases de Vênus e os satélites de

Júpiter. Tais desenvolvimentos e descobertas continuaram com Kepler, Newton, Brahe, entre outros cientistas (Rodrigues, 2003).

> Os pensadores gregos começaram como filósofos que quiseram dar sentido ao mundo físico em que viviam. Utilizaram círculos e esferas em cosmologia – inovações fundamentais. Antes deles as cosmovisões não tinham nenhum compromisso com a razão, e as explicações para os fenômenos da natureza tinham causas sobrenaturais ou teológicas. Parece que coube aos gregos refutar todas as lendas e folclores, e mesmo com as limitações de suas cosmologias começam a surgir esquemas coerentes da criação, onde hipóteses sustentadas por leis naturais começam a substituir as mitologias anteriores. (Silva, 2016, p. 15)

A humanidade procurou entender e explicar o sistema solar e os astros que o compõem por séculos. Depois de tê-los compreendido, percebeu-se que muito ainda havia para ser descoberto. A história do desenvolvimento da astronomia e da cosmologia é muito rica e potencialmente significativa nos processos de ensino-aprendizagem. Porém, também é permeada por concepções alternativas que surgiram a partir de conceitos básicos não completamente compreendidos na experiência do professor e do aluno (Langhi; Nardi, 2010).

Um conceito que causou alguma controvérsia no meio acadêmico diz respeito à definição de *planeta-anão*. Em agosto de 2006, a União Astronômica Internacional (International Astronomical Union – IUA) entrou em um debate sobre a definição de *planeta-anão* e, a partir de negociações entre cientistas e astrônomos, uma nova conceituação foi aprovada. Em seguida, foi concedido o estatuto de planeta-anão para Éris, Plutão, Makemake e Haumea. Ceres, o primeiro asteroide descoberto, também foi assim caracterizado, depois da nova definição da IUA. Ceres é o maior membro do cinturão de asteroides localizado entre as órbitas de Marte e Júpiter (cinturão principal de asteroides). Higia, o quarto maior do cinturão de asteroides depois de Ceres, Vesta e Pallas, pode ser reclassificado como *planeta-anão*, o menor do sistema solar. Contudo, outros **objetos transnetunianos** estão em estudo e podem fazer parte dessa classificação (Domínguez, 2019).

Assim, por enquanto, o **sistema solar** é composto por **13 planetas**: Mercúrio, Vênus, Terra, Marte, Ceres, Júpiter, Saturno, Urano, Netuno, Plutão, Haumea, Makemake e Éris (Figura 5.11).

Figura 5.11 – Sistema solar atual por ordem de distância do Sol

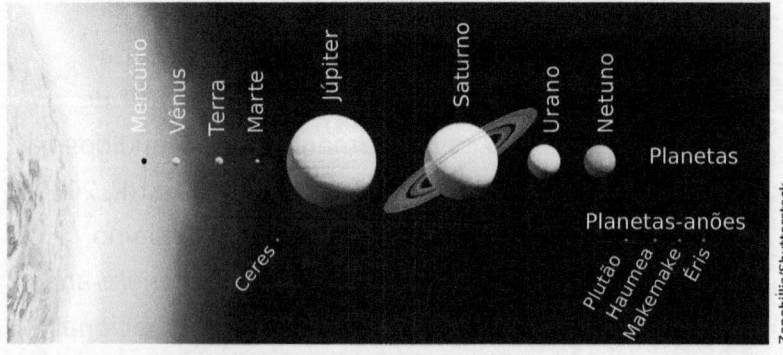

Fonte: Oliveira Filho; Saraiva, 2019.

A astronomia pode ser estudada por meio de *softwares* como o Stellarium e o Celestia. Com eles, é possível observar o céu em qualquer data, entender conceitos básicos de astronomia e analisar concepções alternativas que não correspondem aos fenômenos. Outra ferramenta usada é a construção de modelos ou maquetes dos corpos celestes e do sistema solar. A sequência didática sugerida para trabalhar com os modelos planetários e o sistema solar é composta das seguintes etapas:

a) Atividade de pesquisa e elaboração do mapa conceitual.
b) Uso do Stellarium.
c) Montagem das maquetes.

Quadro 5.5 – Sequência didática para modelos planetários e sistema solar atual

	Momentos	Direcionamentos
1.	• Pesquisa e elaboração de mapa conceitual em grupos de alunos. • O mapa conceitual pode ser realizado em forma de cartaz, com ilustrações, ou em forma de apresentação em PowerPoint ou CmapTools. O CmapTools, especificamente, apresenta versões *desktop* e *on-line* em seu site oficial.	• Detalhamento do que é um mapa conceitual; explicação dos critérios de apresentação das pesquisas. Temas: • História da astronomia na Antiguidade (gregos). • História da astronomia no Renascimento. • Modelo geocêntrico e heliocêntrico (construção histórica). • Constelações. • Movimentos da Terra. • Cosmogonias (escolher quatro delas e incluir uma cosmogonia indígena).

(continua)

(Quadro 5.5 – continuação)

Momentos	Direcionamentos
2. • Uso, em duplas, do Stellarium. **Figura 5.12** – *Print screen* da tela de abertura de Stellarium Web Fonte: Stellarium Web, 2020.	• Apresentar o programa Stellarium na versão *desktop* ou *on-line* e estabelecer um tempo para os alunos manipularem o *software*. • Propor questões relacionadas com as pesquisas apresentadas na parte 1 e com a exploração do recurso. Exemplo: • Quantas e quais são as constelações que aparecem na trajetória aparente do Sol? Que nomes essas constelações recebem? Que nome essa trajetória recebe?

(continua)

(Quadro 5.5 – continuação)

Momentos	Direcionamentos
Figura 5.13 – Stellarium versão *desktop* Fonte: Chéreau, 2001.	• Pesquise o dia de seu nascimento (dia, mês, ano e hora) e descreva como estava o céu (posicionamento dos corpos celestes principais, constelações e fenômenos específicos). • Aumente a velocidade do tempo no Stellarium e descreva o que acontece com os astros no céu. • Na janela de "Opções de céu e visualização", escolha a aba "Cultura estelar" e selecione "Tupi-guarani". Volte à tela que apresenta o céu, observe as constelações da cultura tupi-guarani e faça um esboço de duas das constelações. Depois, clique sobre os astros mais brilhantes das constelações, descubra seus nomes e anote-os em seu esboço.

(continua)

(Quadro 5.5 – conclusão)

Momentos	Direcionamentos
3. • Construção, em duplas, de maquetes. • As maquetes materializam o que foi estudado. Por isso convém observar as seguintes orientações: a) Devem ser coloridas e detalhadas. b) Conter legendas e informações dispostas em pontos principais. c) No caso do sistema solar atual, ele pode ser construído em escala para distâncias com relação ao Sol, ou considerando o tamanho dos corpos celestes, ou estabelecendo uma relação com as trajetórias descritas. Porém, como não é possível colocar tudo em escala, deve-se escolher uma dessas características em sua elaboração. Uma opção também é selecionar outra subdivisão do sistema solar atual a fim de melhor representar em escala. d) Antes, é necessário instruir os alunos sobre como realizar o modelo em escala.	Temas: • Modelo geocêntrico de Aristóteles. • Modelo heliocêntrico de Copérnico. • Modelo atual do sistema solar (em escala) – planetas até Júpiter. • Modelo atual do sistema solar (em escala) – planetas de Saturno a Éris. • Cinturão de Kuiper. Questões: • Qual é a importância da Astronomia? • O que são os planetas-anões? Qual é a importância de estudá-los? • Por que somente a Terra apresenta vida como a conhecemos? • Quais são as características dos planetas que compõem o sistema solar? • Como se formaram os cinturões do sistema solar? Nogueira e Canalle (2009, p. 65) sugerem outra problematização: • Como os cientistas fazem para saber as distâncias dos planetas em relação ao Sol e como eles giram em torno do Sol?

Em astronomia, o professor deve estar atento aos conceitos desenvolvidos nos livros de Ciências e Geografia do ensino fundamental, os quais podem conduzir a concepções alternativas, prejudicando, assim, o entendimento de conteúdos no ensino médio. As maquetes e os *softwares* precisam apresentar essas concepções alternativas e os fenômenos relacionados a elas no sentido de não reforçar os erros conceituais da área.

Força nuclear!

Você sabe qual é a diferença entre os *softwares* Stellarium e Celestia?

O Stellarium é um planetário de código aberto que mostra um céu realista em 3D, semelhante ao visível a olho nu. O programa é capaz de simular os céus diurno e noturno e os crepúsculos de forma muito realista. É capaz, ainda, de simular planetas, luas, estrelas e eclipses em tempo real, fornecendo informações detalhadas de milhares de corpos celestes.

Já o Celestia é um programa de simulação espacial tridimensional 3D que funciona como um ambiente de realidade virtual, em que o usuário tem a visão dos corpos celestes como se estivesse dentro de uma nave espacial, podendo controlar a posição e a direção da nave, bem como navegar pelo espaço usando o *mouse* ou atalhos de comandos simples no teclado ou escrevendo *scripts*.

Radiação residual

Neste capítulo, abordamos os simuladores para conservação da energia e conservação do momento angular, além de práticas sobre gravitação universal envolvendo simuladores PhET, experimentos e maquetes. Como estratégias conjuntas, foram utilizados pesquisas, apresentações orais, jogo Kahoot, tirinhas, mapas conceituais, CmapTools, PowerPoint, Stellarium e infográficos.

Refletimos sobre as abordagens ideais em conservação da energia, bem como a respeito da necessidade de explorar os sistemas ideais fazendo-se a contraposição com os reais. Para o desenvolvimento de um conteúdo a ser trabalhado em sala, pode-se partir de casos ideais, apropriados para o entendimento de formulações matemáticas, e de casos reais, que implicam uma abstração maior por parte do aluno e uma condução do professor a esse tipo de reflexão.

O uso de simulações para o estudo da conservação da energia mecânica e de colisões permite o teste de hipóteses nos casos ideais e nos casos reais. Incluir o atrito nas simulações e questionar os alunos sobre a percepção deles acerca dos fenômenos a partir dessas simulações favorece que se confira uma abordagem mais científica à metodologia. As atividades de ensino precisam desenvolver as capacidades de observar, analisar e aplicar o conhecimento.

Para alguns conteúdos, não é tão fácil encontrar simuladores ou experimentos, e imaginar quais estratégias usar é um desafio. A conservação do momento angular apresenta aplicações interessantes, como os rotores de helicópteros, mas que não são facilmente adaptadas para a sala de aula. Mesmo o experimento da cadeira giratória requer a apresentação de considerações sobre as causas internas que afetam o sistema para ser mais bem entendido.

A gravitação universal é outro tema complexo e objeto de concepções alternativas que, ao longo do processo de aprendizagem, atrapalham a compreensão de conceitos e fenômenos importantes. Por essa razão, é necessário desmistificar certos fenômenos. O uso de simuladores como o Stellarium e a elaboração de maquetes com detalhes em escala podem contribuir para uma mudança conceitual, bem como para o entendimento correto dos fenômenos físicos. Nesse sentido, a contextualização histórica completa as abordagens em gravitação universal e astronomia.

Testes quânticos

1) Para mudar a direção de um veículo espacial, o volante é acionado, e o veículo começa a girar em sentido oposto ao do volante, para manter nulo o momento angular do sistema, exatamente como ocorre com o sistema cadeira giratória + homem.

Quando o volante retornar ao repouso, o veículo também deixará de girar, mas sua orientação terá mudado. Quais das afirmativas a seguir estão relacionadas ao processo descrito?

I) É uma aplicação da conservação da energia.
II) É uma aplicação da conservação do momento angular.
III) Representa a explicação para a precessão da Terra.
IV) Representa a forma como o telescópio Hubble se orienta no espaço.
V) Representa corpos em movimento circular.

Esta(ão) correta(s) a(s) afirmativa(s):

a) I e II.
b) I, II e III.
c) I, III e IV.
d) II e IV.
e) Apenas II.

2) Sobre o movimento de precessão da Terra, marque a alternativa **incorreta**:
a) O movimento de precessão da Terra e as marés são um efeito das forças diferenciais do Sol e da Lua na Terra.
b) A Terra não é perfeitamente esférica, mas achatada nos polos e abaulada no equador.
O plano do equador terrestre está inclinado 23° 26' 21,418" em relação ao plano da eclíptica,

que, por sua vez, está inclinado 5° 8' em relação ao plano da órbita da Lua. Por isso, as forças diferenciais tendem não apenas a achatá-la ainda mais, mas também a "endireitar" seu eixo, alinhando-o com o eixo da eclíptica.

c) Para corpos se movendo sob a ação de forças centrais, tais forças se caracterizam pelo fato de dependerem somente da distância entre os corpos e, também, de a direção estar na linha que une esses corpos. Como exemplo, podemos citar a força gravitacional universal de Newton.

d) Como a Terra está girando, seu eixo não se alinha com o eixo da eclíptica, mas precessiona em torno dele, da mesma forma que um pião posto a girar precessiona em torno do eixo vertical ao solo.

e) Apesar de o movimento de precessão da Terra ser lento (apenas 50,290966'' por ano), ele foi percebido pelo astrônomo grego Hiparco, em 129 a.C., ao comparar suas observações da posição da estrela Spica com as de Timocharis de Alexandria, para o qual Spica estava a 172° do ponto vernal. Hiparco, por sua vez, mediu 174°, concluindo, assim, que o ponto vernal havia se movido 2 graus em 144 anos.

3) Indique a seguir a alternativa que apresenta a definição de *planeta-anão* conforme a IUA:
   a) Corpo celeste que orbita o Sol e tem massa suficiente para que sua própria gravidade supere as forças do corpo rígido, assumindo uma forma (quase redonda) de equilíbrio hidrostático. Ainda, um *planeta-anão* deve limpar a vizinhança em torno de sua órbita.
   b) Objeto que orbita o Sol e que é muito pequeno, ou seja, sem massa suficiente para que sua própria gravidade o torne esférico.
   c) Corpo celeste em órbita ao redor do Sol com um semieixo maior que o de Netuno (distância média em relação ao Sol) e massa suficiente para que sua própria gravidade supere as forças do corpo rígido, assumindo uma forma (quase redonda) de equilíbrio hidrostático. Ainda, um *planeta-anão* não deve ter a vizinhança de sua órbita desimpedida.
   d) Corpo celeste muito semelhante a um planeta, dado que orbita em volta do Sol e apresenta gravidade suficiente para assumir uma forma com equilíbrio hidrostático, porém não tem uma órbita desimpedida.
   e) Corpo menor do sistema solar que, quando se aproxima do Sol, passa a exibir uma atmosfera difusa, denominada *coma*, e, em alguns casos, apresenta também uma cauda, ambas causadas pelos efeitos da radiação solar e dos ventos solares sobre seu núcleo.

4) Leia o trecho:

A conscientização sobre a importância dos air bags é fundamental para que o equipamento passe a ser um item de série dos veículos. Atualmente, o sistema é opcional ou restrito a carros de luxo. Segundo o engenheiro Washington Henrique Freitas da Silva, que analisou o tema em seu mestrado na Escola Politécnica da USP, a pesquisa derruba o mito de que os sistemas de air bag podem inflar por engano e reforça a importância de seu uso – tanto o frontal quanto o lateral – para a segurança dos passageiros e motoristas.
Segundo o engenheiro, os mitos existem porque o uso de air bags não é comum no País. "Não existe a possibilidade de a bolsa inflar devido a um movimento brusco causado por uma lombada ou por buracos da rua", explica o engenheiro. "O sistema possui um módulo de controle eletrônico, uma espécie de 'cérebro', que avalia e registra rapidamente se há necessidade de abertura da bolsa. Quando é preciso, o air bag do motorista infla em 30 milissegundos e o do passageiro em 60 milissegundos". (Estudo..., 2006)

Sobre colisões e *airbags*, assinale a alternativa correta:

a) O sistema *airbag* consiste em uma bolsa de plástico que é rapidamente inflada quando o carro sofre aceleração brusca, interpondo-se entre o passageiro e o painel do veículo.

b) Em uma colisão, para que o impulso diminua, a força e o tempo são inversamente proporcionais.

c) Nas colisões frontais de dois veículos iguais, a uma mesma velocidade, contra um mesmo obstáculo rígido, um com *airbag* e outro sem *airbag* e com motoristas de mesma massa, os dois motoristas sofrerão, durante a colisão, variações de velocidades diferentes e a mesma variação da quantidade de movimento.

d) A variação da quantidade de movimento do motorista é igual à variação da quantidade de movimento do veículo.

e) A função do *airbag* é aumentar o intervalo de tempo de colisão entre o passageiro e o carro para reduzir a força recebida.

5) Leia a citação a seguir:

> É comum os livros didáticos afirmarem que o Sol nasce no Leste e se põe no Oeste, isso gera a falsa ideia de que é sempre assim, com o Sol nascendo e se pondo exatamente nesses pontos. Assim, configurando o Stellarium para exibir as marcações dos pontos cardeais, e, aumentando a velocidade do tempo, de forma que possamos ver os dias no decorrer do ano, fica fácil perceber quando o Sol nasce no ponto leste, quando nasce mais ao norte ou quando nasce mais ao sul. Apresentando assim, de forma mais simples conceitos como solstícios, equinócios e estações do ano.
> (Beserra et al., 2012)

Qual das concepções a seguir não precisa ser reformulada pois corresponde à realidade do fenômeno?

a) O fenômeno das estações do ano decorre da aproximação e do afastamento da Terra em relação ao Sol.
b) A Lua se apresenta exclusivamente no céu noturno.
c) Há fases da Lua específicas em que podem ocorrer os eclipses solares e lunares.
d) No céu noturno, é possível observar apenas as estrelas, pois elas têm luz própria.
e) A Lua tem sempre uma mesma parte de sua superfície iluminada e, por conta de seu movimento de rotação, é possível ver diferentes fases.

Interações teóricas

Questões para reflexão

1) Faça a descrição de uma prática (introdução, descrição do simulador, questões-problema) utilizando o *software* Stellarium. Nela, o aluno verificará a constelação zodiacal que estava no céu no dia do nascimento dele e pesquisará outros fenômenos astronômicos que estavam em processo nesse dia. Você precisará instruí-lo no uso do *software* e direcionar suas ações para que consiga realizar a observação corretamente. Essa atividade ajuda

a exercitar suas habilidades de transposição de uso de tecnologia. Reflita: Se você seguisse sua sequência de instruções, conseguiria executar a atividade?

2) Você já utilizou o CmapTools? Tem o hábito de fazer mapas conceituais, mapas mentais ou esquemas explicativos para estudar? Pesquise a diferença entre essas estratégias de estudo e elabore um mapa conceitual no CmapTools apresentando sua pesquisa.

CMAP CLOUD. **Welcome to the Cmap Cloud**. Disponível em: <https://cmapcloud.ihmc.us/>. Acesso em: 16 out. 2020.

Atividade aplicada: prática

1) Elabore uma tirinha ou uma história em quadrinhos (HQ) que explique os modelos planetários/cosmológicos geocêntrico e heliocêntrico. A tirinha deve conter até quatro cenas, e a HQ, no máximo dez cenas. Depois, baseando-se em sua tirinha/HQ, elabore uma questão que siga o modelo do Exame Nacional do Ensino Médio (Enem) e cite os descritores associados. Pesquise questões e seus descritores para ter uma ideia melhor de como elaborar sua atividade.

Sequências didáticas para o ensino de termodinâmica

6

Neste capítulo, abordaremos algumas possibilidades de atividades que envolvem o calor, forma de energia presente na queima de madeira e carvão, nas transformações dos gases, nas máquinas térmicas, nos termômetros, nas mudanças climáticas, na meteorologia, nos processos internos de uma estrela, nos processos internos da Terra, na entropia de sistemas, nas reações nucleares, na energia solar, nos estudos sobre a fotosfera das estrelas, nos processos biológicos, na produção de energia com recursos renováveis etc. Assim como os demais conteúdos de Física, este também apresenta possibilidades de projetos interdisciplinares e atividades práticas que promovem o desenvolvimento das capacidades de observar, analisar, teorizar e aplicar o que foi aprendido.

6.1 Medições de temperatura

Nesta seção, voltamos aos instrumentos de medida. Na termometria, o instrumento de medida principal é o termômetro. É possível construir termômetros e termoscópios para examinar o princípio de funcionamento que está relacionado com a lei zero da termodinâmica. A seguir, portanto, apresentaremos possibilidades de construção de **termômetros** e **termoscópios** para serem inseridas em uma sequência didática.

As várias estratégias de ensino já abordadas podem ser mescladas com os experimentos para elaborar uma sequência que atenda aos objetivos educacionais propostos, aos conteúdos previstos e ao grupo de alunos atendido. Como expressam Bordenave e Pereira (2004), não se pode falar em "receitas didáticas", mas, levando-se em conta as situações de ensino-aprendizagem, a personalidade do professor e as características dos alunos, é possível construir sequências didáticas produtivas, devendo-se lembrar o potencial e as limitações de cada estratégia analisada.

Conhecimento quântico

Existem registros de medição da temperatura desde 170 d.C. Porém, a invenção do termoscópio (Figura 6.1) é atribuída a Galileu Galilei, tendo ocorrido em 1592. A medida da temperatura era feita pelo acompanhamento das variações da altura de uma coluna d'água que não continha escala (Gonçalves, 2004).

Figura 6.1 – Reprodução do termoscópio de Galileu: Museo Galileu, Itália

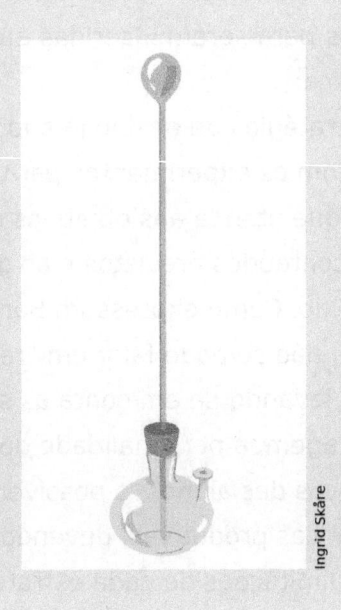

Todos os tipos de termômetros (clínico, a álcool, de máxima e de mínima, a gás, de radiação, pirômetro óptico, termopar, bimetálico) funcionam por meio de uma substância termométrica. A eles estão associadas escalas termométricas (Celsius, Fahrenheit, Kelvin ou outras). Portanto, a construção de um termômetro demanda que ele seja calibrado com base em uma escala. Contudo, por vezes, não há a intenção de realizar medidas quantitativas de temperatura. Assim, a opção qualitativa é o termoscópio.

Para a construção do termoscópio, os materiais necessários são:

- garrafa PET de 250 ml ou vidro de remédio com tampa emborrachada de 50 ml;
- canudo transparente ou 50 cm de mangueira cristal (1/8" × 1 mm) ou vidro capilar ou tubo de caneta vazio;
- cola quente ou massa de modelar (se precisar);
- prego grande;
- água ou álcool etílico 92,8° ou isopropílico 92%;
- corante.

Para a confecção do termoscópio, basta observar as seguintes etapas:

a) Colocar 50 ml de água ou álcool com corante no recipiente escolhido.
b) Fazer um furo com o prego na tampa do recipiente de forma que o canudo (ou a mangueira) possa ser passado pelo furo, ficando bem justo.
c) Se houver folgas, fechar essas aberturas com a cola quente ou a massa de modelar.
d) Fechar o recipiente com a tampa. O termoscópio está pronto.

Para usar esse instrumento, é só segurá-lo nas mãos e esperar que entre em equilíbrio térmico. Nesse momento, a altura do líquido no canudo subirá e estabilizará. Na Figura 6.2, apresentamos um exemplo de montagem desse aparelho.

Figura 6.2 – Termoscópio

Ingrid Skåre

Para a construção do termômetro (clínico ou a álcool), os materiais são os mesmos, bem como a montagem. Os líquidos usados em termômetros clínicos são mercúrio ou álcool colorido e utiliza-se uma escala termométrica

em graus Celsius, geralmente de 35 °C até 42 °C.
A legislação metrológica (Portaria Inmetro n. 254/2016) exige que a escala dos termômetros clínicos deve se estender de pelo menos 35,5 °C até 42 °C, com divisão de 0,1 °C (Montini, 2010). Como o mercúrio é tóxico, resta o álcool, sendo necessário acrescentar no experimento uma escala termométrica e calibrá-la.

A calibração é feita associando-se à altura do líquido um valor de temperatura em Celsius conhecido. Para isso, é preciso ter um termômetro clínico ou um termômetro para temperatura ambiente. Em dias quentes, é indicado usar o clínico, que mede de 35 °C a 42 °C, e, em dias amenos e frios, o termômetro de ambiente, que mede entre 40 °C e 50 °C.

O termômetro construído e o termômetro clínico precisam entrar em equilíbrio térmico com o ambiente, para que se faça a associação da altura do líquido com o valor registrado no termômetro clínico. Para isso, são tiradas medições em dois momentos distintos do dia (de manhã e ao meio-dia ou ao meio-dia e no final de tarde). Depois de marcar com caneta essas alturas do líquido no recipiente do experimento, utiliza-se uma régua para subdividir os valores de temperatura. Com isso, a escala está pronta e o experimento funcionará como um termômetro com o qual é possível medir a temperatura.

Para o termômetro digital, os materiais necessários são:

- um multímetro digital;
- um circuito integrado LM35DZ;
- uma bateria de 9,0 volts.

O circuito integrado LM35 trabalha como um transistor, funcionando como um sensor de temperatura preciso, sensível e de baixo custo. Cada 10 mV na saída corresponde a 1 °C, ou seja, 348 mV = 34,8 °C (Pedroso; Pimenta Neto; Araújo, 2014). A Figura 6.3 apresenta o esquema de montagem.

Figura 6.3 – Esquema de montagem

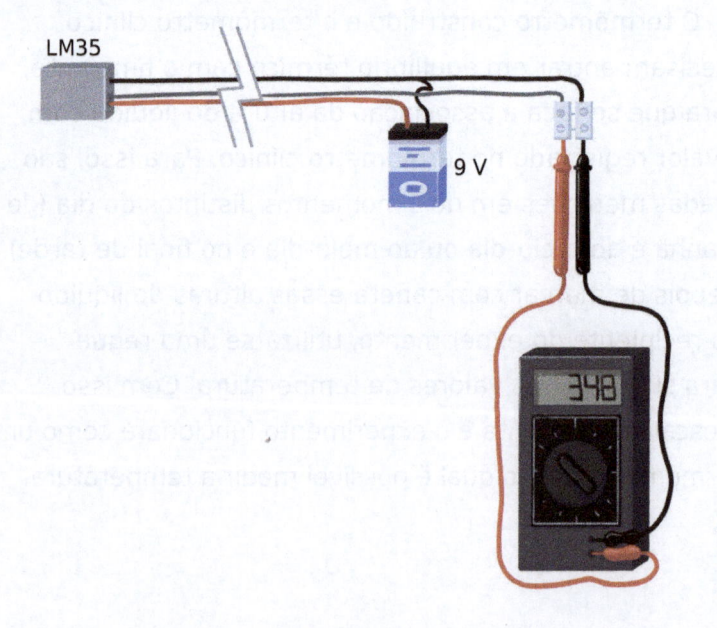

Ao observar a Figura 6.3, note a utilização de um fio polarizado de espessura de 1 mm para fazer as conexões entre o circuito LM35, a bateria e o multímetro. A solda do fio com o circuito LM35 é delicada. Por isso, é preciso estar atento aos polos do circuito. No desenho esquemático, é usado um conector que liga o multímetro às outras partes. Um outro conector pode ser usado para as baterias de 9 volts. Algumas pessoas preferem utilizar solda na conexão da bateria, mas isso inviabiliza um novo uso da bateria.

A sugestão de sequência didática para trabalhar com esse assunto é a seguinte:

a) Começar com uma pesquisa sobre a importância do calor, as escalas termométricas e os tipos de termômetros.
b) Realizar um dos experimentos recém-demonstrados.
c) Aplicar um questionário *on-line* (Google Forms) sobre os conteúdos discutidos na apresentação das pesquisas e na realização do experimento.

6.2 Curva de aquecimento da água

As curvas de aquecimento de substâncias puras e misturas permitem determinar com exatidão as temperaturas de transição e os valores do calor específico e do calor latente. Elas também podem ser utilizadas para estudar o que ocorre durante uma transição de fase (Gráficos 6.1 e 6.2). Em engenharia, são aplicadas no estudo de sistemas que fazem uso de caldeiras de aquecimento.

Gráfico 6.1 – Curvas de aquecimento da água

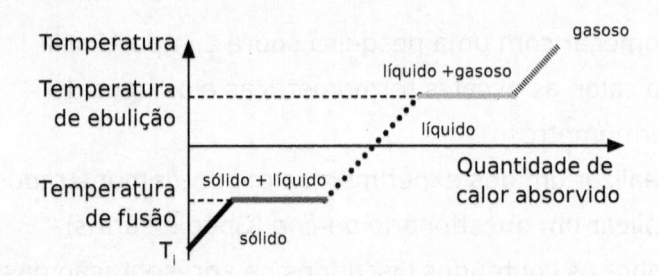

Fonte: Barreto Filho; Silva, 2016, p. 60.

Gráfico 6.2 – Temperatura *versus* quantidade de calor

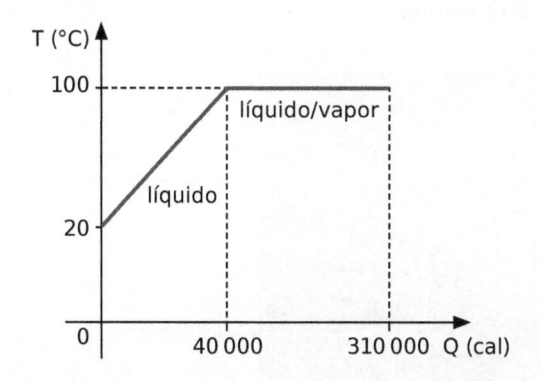

[Gráfico: eixo T (°C) com valores 0, 20, 100; eixo Q (cal) com valores 40 000 e 310 000. Curva sobe de (0, 20) até (40 000, 100) indicando fase "líquido", depois segue horizontal em 100 °C até (310 000, 100) indicando fase "líquido/vapor".]

Fonte: Pietrocola et al., 2017, p. 138.

Para a realização de uma atividade prática que envolva a temática da curva de aquecimento da água, sugerimos que, primeiramente, sejam providenciados os seguintes materiais:

- 40 ml de água;
- béquer;
- termômetro;
- fonte de calor (lamparina ou bico de Bunsen);
- cronômetro (para verificar o tempo de aquecimento);
- pedaço pequeno de isopor (para a fixação do termômetro) – este item é uma adaptação, pois podem ser usadas uma haste e uma garra metálica para segurar o termômetro;
- tripé de aço zincado;
- tela de aquecimento.

Figura 6.4 – Fotografia do experimento com a curva de aquecimento da água

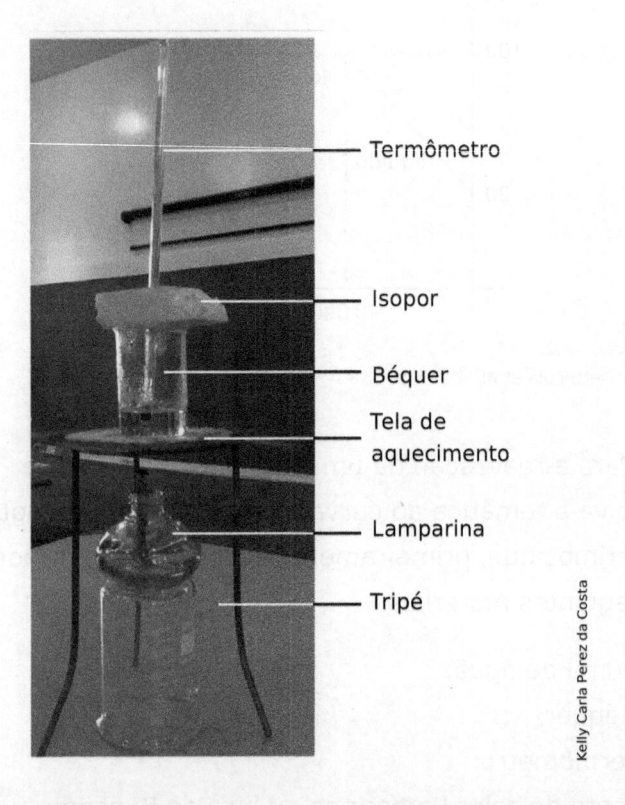

- Termômetro
- Isopor
- Béquer
- Tela de aquecimento
- Lamparina
- Tripé

Kelly Carla Perez da Costa

O procedimento, ilustrado na Figura 6.4, consiste em esquentar a água e registrar em uma tabela os valores de temperatura a cada dois minutos. Vale ressaltar que o termômetro não pode encostar no fundo do béquer nem ser movimentado durante o experimento. Assim, depois de obtidos os dados, os alunos devem elaborar um gráfico da temperatura *versus* tempo.

A relação do gráfico pode ser elucidada por meio da **equação fundamental da calorimetria**. Para isso, é necessário explicar ao aluno que a variação do tempo, no gráfico, está relacionada com a quantidade de energia na forma de calor, que é adicionada ao sistema por meio da fonte de calor (lamparina, bico de Bunsen, fogareiro). Em sequências que objetivam a dedução da equação fundamental da calorimetria, chega-se a essa e a outras conclusões aquecendo diferentes quantidades de água, e até mesmo líquidos diferentes, e utilizando distintas fontes de calor. São as observações realizadas nessas etapas que levam à conclusão de que o tempo está relacionado com a quantidade de calor, que a quantidade de massa se vincula à inclinação da reta e que o tipo de substância também influi na inclinação da reta. Ainda, é possível propor outra sequência, mais detalhada, considerando-se essas etapas do experimento.

A sequência didática (Quadro 6.1) sugerida para o tratamento desse assunto é a seguinte:

a) Realizar pesquisas a partir de questões propostas.
b) Fazer o experimento da curva de aquecimento.
c) Elaborar relatório que contemple questões sobre o experimento.
d) Formar grupos de pesquisa para a elaboração de painéis sobre temas relacionados.

Quadro 6.1 – Sugestão de sequência para experimento relativo à curva de aquecimento da água

Momentos	Direcionamentos
1. • Pesquisa direcionada, em duplas. • Pesquisa e discussão no laboratório de informática.	• A atividade pode ser realizada no laboratório de informática. • Depois da pesquisa, promover uma discussão das respostas encontradas. Questões: • O que é um gráfico de curva de aquecimento? Para que serve? • Pesquise sobre as fases da matéria e a forma como são representadas em gráficos de curva de aquecimento. • Pesquise sobre as aplicações da curva de aquecimento em indústrias. • Quais são as características (semelhanças e diferenças) das curvas de aquecimento para a água e para outras substâncias?
2. • Experimento, em grupos, com elaboração de relatório. • Disponibilizar livros didáticos para consultas durante a experimentação. • Pedir aos alunos que façam o registro fotográfico do experimento para anexar ao relatório. • Faça um roteiro com a explicação da execução do experimento, com a tabela de tempo e temperatura para ser preenchida, com o espaço para fazer o esboço do gráfico da temperatura *versus* tempo e com as questões direcionando a observação e a análise do experimento.	Questões: • Explique por que a temperatura praticamente se estabiliza em determinado momento, ou seja, por que a temperatura permanece constante no final da tabela, mesmo com o fogo aceso? • Existe diferença entre o valor do ponto de ebulição que aparece nos livros e o encontrado na prática? Quais são os fatores que influenciam na distinção entre esses valores? • Como a pressão influencia no ponto de ebulição? • No ponto de ebulição, coexistem quais fases? • O que ocorre com a temperatura durante a ebulição de uma substância pura e de uma mistura?

(continua)

(Quadro 6.1 – conclusão)

Momentos	Direcionamentos
3. • Formação de quatro grupos de pesquisa. • Os temas, para a elaboração do painel, têm de ser desenvolvidos com base na leitura de várias fontes e devem estar relacionados com o conteúdo trabalhado. • Apresentação por painéis.	• Elaboração de painel. • Os painéis podem ser estruturados e apresentados por meio do PowerPoint ou do Canva. Temas: • Influência da pressão atmosférica no corpo humano. • Aquecimento global e as mudanças de estado físico. • Implicações do comportamento anômalo da água. • Sistemas de caldeira e sua relação com as curvas de aquecimento de substâncias.

Para fazer o painel ou *banner*, convém observar as orientações listadas a seguir (Celestino, 2008).

Estrutura do painel

- O painel (*banner*) deve ter 1 m × 1,20 m (existem papelarias que cortam papel-cartão com quaisquer medidas; esse material pode ser adaptado para esse item).
- A tipografia deve permitir a leitura a 1,5 m de distância.
- As cores de fundo devem ser claras, de modo que contrastem com as cores das letras (fonte com serifa e tamanho 16).
- As imagens devem ocupar no mínimo 50% do espaço total.

Conteúdo
- Título do trabalho.
- Nome dos autores.
- Descrição (apresentação resumida).
- Objetivos (o que se buscou atingir).
- Metodologia (pesquisa em periódicos, observação, entrevista etc.).
- Análise dos resultados (resultados alcançados e suas implicações).
- Conclusões (resgate das hipóteses, relacionando-as aos resultados).
- Referências (fontes efetivamente usadas).

Essa atividade, diga-se, pode auxiliar os alunos na compreensão da estrutura de apresentação de trabalhos acadêmicos. Quando se realizam trabalhos com alunos de ensino médio, algumas das etapas de estruturação de um trabalho acadêmico acabam sendo retiradas da sequência de elaboração. Mesmo que certos temas não possibilitem tanta especificação, explicar essa estrutura faz-se necessário, pois o entendimento das etapas de escrita de trabalhos ajuda no desenvolvimento das capacidades de teorizar e sintetizar o conteúdo.

6.3 Calorímetro e calor específico

O conceito de calor específico se refere à quantidade de calor que uma substância absorve ou cede por grama da substância e grau de temperatura. Com ele, é possível entender as variações de temperatura da areia e da água do mar na praia (exemplo clássico). Mas existe uma aplicação pouco explorada desse conceito, que é seu uso na indústria agroindustrial.

As **propriedades termofísicas** (densidade e calor específico) são utilizadas, no processamento de alimentos, para melhorar as formas de processar e de armazenar produtos alimentícios para comercialização anual, sem desperdícios ou perdas, que acontecem quando os produtos são comercializados *in natura* (Duarte; Mata; Paiva, 2003).

Segundo Duarte, Mata e Paiva (2003), em estudo sobre as propriedades termofísicas da polpa da mangaba, as frutas variam de uma safra para outra em função de insumos, chuvas, tratos culturais e estágio de maturação. É isso que altera a quantidade de água existente na polpa das frutas, fator que, por sua vez, interfere no tempo necessário para o congelamento do produto. O calorímetro é utilizado para determinar o calor específico da polpa da fruta pelo método das misturas.

Assim, um tema a ser tratado ou pesquisado é a **criogenia**. Quantos tipos de alimentos congelados estão à venda nos mercados? Sabe-se que para cada um existe um processo de criogenia associado e com parâmetros termofísicos específicos que precisam ser determinados regularmente.

Outros exemplos de tema para pesquisa ou discussão são: o tratamento criogênico profundo (*deep cryogenic treatment* – DCT), que vem sendo muito utilizado na indústria para o melhoramento das propriedades mecânicas dos aços, principalmente quanto à resistência ao desgaste; e o nitrogênio líquido, que é utilizado para a conservação de células, tecidos e órgãos.

O calorímetro serve para determinar a capacidade térmica, o calor específico e as massas de substâncias por meio das trocas de calor. Trata-se de um sistema termicamente isolado que evita as trocas de calor entre seu conteúdo e o meio externo. A garrafa térmica é um tipo de calorímetro, por exemplo.

Para construir um calorímetro, os materiais necessários são:

- recipiente de isopor com tampa (caixa para remédios ou porta-lata);
- termômetro de laboratório, em escala de 10° a 120 °C;
- lata de alumínio (para fazer as pás do agitador);
- *clip* grande de papel (haste do agitador);
- pedaço de isopor (se não for possível encontrar a tampa para o recipiente, será preciso esculpi-la em isopor);
- massa de modelar (caso se precise vedar folgas nos locais de encaixe do termômetro e do agitador).

Figura 6.5 – Materiais em esquema de calorímetro

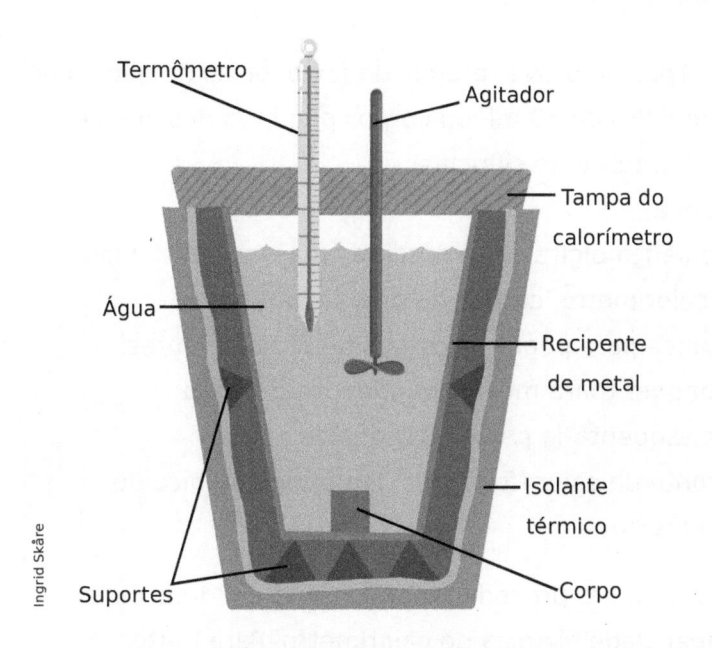

Para preparação do calorímetro, é necessário observar os seguintes passos:

a) Fazer dois furos na tampa do recipiente de isopor para encaixar o termômetro e o agitador.
b) Cortar um retângulo da lata de alumínio, abrir o *clip* grande como uma haste, fazer um furo no retângulo de alumínio, atravessar o *clip* por ele e dobrar a ponta para prender.
c) Encaixar o termômetro e o agitador na tampa de isopor.
d) Se houver folgas, vedar com a massa de modelar. O calorímetro está pronto.

Para realizar o **experimento**, os materiais são os seguintes:

- corpos de prova (pregos de ferro, bolas de gude, copo de vidro de 30 ml, ou corpos de prova dos *kits* de laboratório de ciências);
- água;
- balança digital para medir as massas envolvidas (calorímetro, corpos de prova e água);
- pinça para pegar os corpos de prova quentes;
- béquer (para medir quantidades de água e esquentá-la para os corpos de prova);
- fonte de calor (fogareiro, lamparina ou bico de Bunsen).

O primeiro procedimento consiste em determinar a capacidade térmica do calorímetro. Para tanto, é preciso realizar os seguintes passos:

a) Medir a massa do calorímetro (m_c) com a balança, antes de fazer o experimento.

b) Usando um béquer, aquecer 100 ml de água até entrar em ebulição (m_{ag_quente} = 100 g e T_{iq} = 100 °C).

c) Colocar 100 ml de água (m_{ag_fria} = 100 g) em temperatura ambiente no calorímetro, fechar e, quando atingir o equilíbrio térmico, anotar a temperatura inicial (T_i).

d) Colocar 100 ml de água quente a 100 °C dentro do calorímetro e, quando atingir o equilíbrio térmico, anotar a temperatura final (T_f).

e) Determinar a capacidade do calorímetro por meio da equação das trocas de calor:

$$Q_{\text{água fria}} + Q_{\text{água quente}} + Q_{\text{calorímetro}} = 0$$

Obs.: A temperatura de ebulição da água depende da altitude do local em que o experimento está sendo realizado. Por exemplo: com o experimento da curva de aquecimento da água, pode-se verificar que, em Curitiba, a água entra em ebulição a aproximadamente 97 °C. Assim, nos cálculos, esse é o valor que seria usado como ponto de ebulição da água.

O segundo procedimento consiste em determinar o calor específico de corpos de prova. Para tanto, é preciso observar os seguintes passos:

a) Medir a massa do calorímetro (m_c) e as massas dos corpos de prova (m_p), antes de fazer o experimento.

b) Utilizar o valor da capacidade térmica, calculado no primeiro procedimento, para realizar os cálculos.

c) Usando um béquer, aquecer a água com um corpo de prova dentro até entrar em ebulição.

d) Colocar 100 ml de água (m_{ag} = 100 g) em temperatura ambiente no calorímetro, fechar e esperar entrar em equilíbrio térmico. É necessário anotar a temperatura inicial (T_i).

e) Usar a pinça para pegar o corpo de prova, colocando-o dentro do calorímetro e fechando-o rapidamente. Esperar entrar em equilíbrio térmico e anotar a temperatura final (T_f).

f) Com os valores anotados, aplicar a equação das trocas de calor para calcular o calor específico do corpo de prova escolhido:

$$Q_{calorímetro} + Q_{água} + Q_{corpo\ de\ prova} = 0$$

Como você deve ter percebido, essa atividade demanda mais tempo de realização. A sugestão de sequência didática para trabalhar com essa temática é a seguinte:

a) Escolher textos científicos sobre as aplicações citadas no começo desta seção e promover leitura e discussão em sala de aula sobre as aplicações do calor específico e do calorímetro.

b) Solicitar aos alunos a construção do calorímetro como trabalho para casa.

c) Organizar a apresentação e promover ajustes nas construções, a fim de que possam ser utilizadas no experimento.

d) Proceder ao experimento (primeiro procedimento) para cálculo da capacidade térmica do calorímetro.

e) Proceder ao experimento (segundo procedimento) para cálculo do calor específico dos corpos de prova.

f) Solicitar redação dissertativa sobre os textos científicos e os experimentos realizados.

Cabe considerar a utilização de uma aula para cada etapa da sequência, exceto a de cálculo do calor específico dos corpos de prova. Ainda, a construção do calorímetro também pode ser realizada no laboratório de ciências, caso esteja à disposição.

6.4 Transmissão de calor: condução, convecção e irradiação

Chaleiras com água em ebulição, as brisas marítima e terrestre, o movimento das massas de ar em sistemas meteorológicos (frentes frias, ciclones etc.), os processos de funcionamento de uma garrafa térmica, a inversão térmica, estufas de plantas, o aquecimento global, a energia do Sol, as fontes de energia renováveis, a tecnologia de fornos e panelas, os aquecedores de ar, o ar-condicionado, o resfriamento de alimentos dentro de geladeiras, as miragens, entre outros exemplos, estão entre os diversos casos que podem ser utilizados em projetos e experimentos que tematizam a transmissão de calor.

As práticas de transmissão de calor geralmente são demonstradas, pois os materiais são de fácil acesso e a demonstração é rápida. Vejamos algumas delas na sequência.

Uma primeira prática sobre **transmissão de calor** pode ser realizada utilizando-se os seguintes materiais:

- lata de alumínio cortada em forma de faixa com largura de 3 cm;
- copo de vidro para fazer de suporte;
- fita crepe;
- vela;
- fósforo.

Primeiramente, é preciso cortar as laterais da lata de alumínio em forma de uma faixa de 3 cm de largura pelo comprimento da circunferência da lata. Após, deve-se dobrar essa faixa em forma de L e apoiá-la sobre o copo de vidro, deixando-se 15 cm de comprimento para fora. Depois, a faixa deve ser fixada por dentro do copo com a fita crepe (Figura 6.6).

Figura 6.6 – Montagem de experimento para o trabalho com condução de calor

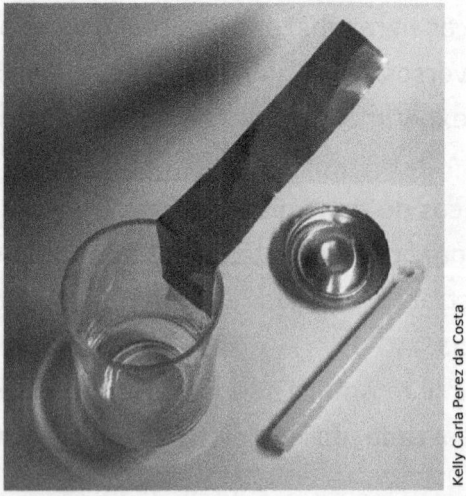

Em seguida, é necessário acender a vela e fazer um caminho sobre a faixa de alumínio com pingos da parafina da vela de forma espaçada, para, na sequência, posicionar a vela acesa abaixo da extremidade do L de alumínio, usando-se a base da lata como apoio para a vela. Com isso, é possível observar o processo de condução de calor pelo fato de o metal derreter cada uma das gotas de parafina. Nos livros didáticos de Física, essa demonstração é feita com uma barra metálica sendo aquecida.

Para uma segunda prática, referente agora à temática da **convecção de calor**, são necessários os seguintes materiais:

- vela;
- fósforo;
- massa de modelar;
- palito de churrasco;
- folha sulfite;
- lápis e tesoura;
- alfinete ou tachinha.

Com a massa de modelar e o palito de churrasco, monta-se uma haste fazendo um cubo de massa de modelar e fincando nele o palito de churrasco.

Na folha sulfite, é preciso desenhar uma espiral (caracol) e recortá-la formando uma pequena mola. Depois, a espiral deve ser fixada na ponta do palito, com o alfinete ou a tachinha. Ela tem de ficar livre na ponta (a tachinha é só para suspender, sem prender). A espiral deve ser menor que o comprimento do palito onde vai ser fixada e não deve tocar a vela. Na sequência, é preciso acender a vela e posicioná-la ao lado da espiral (Figura 6.7).

Figura 6.7 – Montagem de experimento para o trabalho com convecção de calor

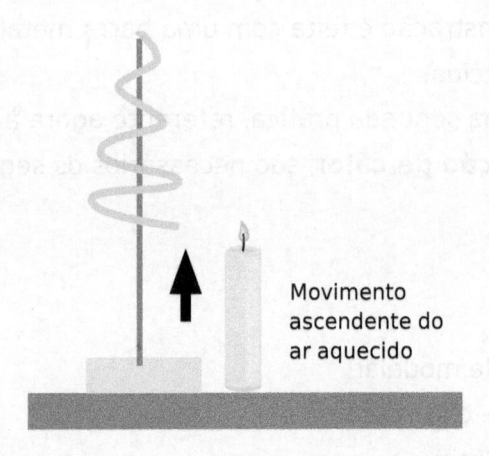

Movimento ascendente do ar aquecido

Nessa prática, o aluno pode perceber o movimento ascendente do ar aquecido pela vela por meio do movimento da espiral de papel. Normalmente, os processos de convecção aparecem nos livros didáticos mostrando-se a imagem da água em ebulição em uma chaleira ou, então, a circulação dos ventos entre a superfície e as camadas atmosféricas.

Apresentamos, ainda, uma última prática, desta vez relativa à **irradiação de calor**, para a qual é preciso separar os seguintes materiais:

- lâmpada de filamento de 100 watts ou mais;
- dois termômetros de laboratório de –10 °C a 100 °C (não pode ser termômetro clínico, que serve para medir temperatura corporal).

Primeiramente, é preciso ligar a lâmpada e posicionar os termômetros próximos a ela, um mais perto e o outro mais afastado (Figura 6.8). A ideia é que o aluno registre em uma tabela, a cada dois minutos, o que acontece com as marcações dos termômetros. Com isso, ele perceberá o processo de irradiação acontecendo. Os sistemas de aquecimento solar e o funcionamento de células fotovoltaicas são temas que podem fazer parte de discussões enquanto a demonstração/experimento acontece.

Figura 6.8 – Montagem de experimento para o trabalho com irradiação de calor

Para a transmissão de calor, a sugestão é realizar um **projeto interdisciplinar** com temas como: aquecimento global (Geografia, Biologia, Química, Sociologia); efeito estufa atmosférico (Geografia e Biologia); efeitos do El Niño e da La Niña nas temperaturas de correntes oceânicas (Geografia e Biologia); detecção e monitoramento de animais silvestres usando imagens térmicas (Biologia e Ecologia); sensoriamento remoto (Matemática, Química, Biologia).

Os projetos interdisciplinares são estratégias pensadas em grupo com professores de outras disciplinas. Em conversa com os colegas, é possível entender qual é a parte de cada um no projeto. A conclusão precisa conduzir o aluno ao entendimento de que não existe fronteira entre as disciplinas e que, apesar de se estudar um fenômeno por apenas uma perspectiva, para a real compreensão dele, é necessário examiná-lo por todas as frentes possíveis.

6.5 Máquinas térmicas

Máquinas térmicas são aquelas que realizam trabalho ao receberem calor, como as turbinas a vapor ou a gás e os motores de veículos (motores de explosão). Entre os temas de pesquisa que se relacionam com essa temática, podemos citar: sistemas de usinas termonucleares; ciclos nas máquinas térmicas (Carnot, Otto etc.); cogeração de energia elétrica com o uso de biomassa/biodigestores associados a máquinas térmicas (motores de combustão, turbinas a vapor, turbinas a gás e microturbinas); a Revolução Industrial e as máquinas térmicas; a história das máquinas térmicas, com o desenvolvimento e a idealização de Thomas Savery, Thomas Newcomen, James Watt, Sadi Carnot, Rudolf Clausius, entre outros.

A sequência didática (Quadro 6.2) sugerida para as máquinas térmicas é a seguinte:

a) Apresentação de vídeo sobre a história dos motores.
b) Pesquisa biográfica e apresentação oral em círculo de debate.
c) Experimento do barco a vapor.
d) Elaboração de maquete explicativa de um biodigestor com turbinas a vapor para a geração de energia elétrica.

Quadro 6.2 – Sugestão de sequência didática para o trabalho com máquinas térmicas

Momentos	Direcionamentos
1.	• Vídeo sobre a história dos motores.	• A sugestão é o vídeo disponível no YouTube intitulado *O primeiro carro da história era a vapor*, disponível em: <https://www.youtube.com/watch?v=ypdvDbf_iG4>. • Existem outras possibilidades de vídeos. Logo, para escolher, é preciso considerar o tempo necessário, a perspectiva de abordagem dos conteúdos (histórica, funcionamento, curiosidades, questões problematizadoras, questões para debate etc.) e os direcionamentos da sequência. • Propor questões e discussões sobre o que foi assistido. • Vídeos curtos podem ser usados para incitar debates antes ou ao final do estudo de um conteúdo. Um exemplo de questões está no final do vídeo intitulado *O surgimento das máquinas*, disponível em: <https://www.youtube.com/watch?v=6zLHyZo-m64>. Questões: • Quem inventou as máquinas? • O homem domina a máquina ou a máquina domina o homem?

(continua)

(Quadro 6.2 – continuação)

Momentos	Direcionamentos
2. • Pesquisa biográfica e apresentação oral em círculo de debate. • Formar um círculo com as cadeiras no dia da apresentação ou, se for possível, realizar a discussão em um espaço aberto nas dependências do colégio. • Organizar as falas e não deixar a discussão somente entre dois ou três alunos. • Não receber trabalhos escritos, pois se trata de um momento para o aluno exercitar sua capacidade de sintetizar o conteúdo discutindo, avaliando, criticando, debatendo e/ou defendendo pontos de vista.	• Dividir a turma por número de chamada, por exemplo, do número 1 ao 10, do 11 ao 20, do 21 ao 30, e propor pesquisas individuais registradas no caderno sobre os temas em questão. Nesse caso, são as biografias de Thomas Savery (do 1 ao 10), de Thomas Newcomen (do 11 ao 20) e de James Watt (do 21 ao 30). • Verificar se os intervalos dos números de chamada apresentam aproximadamente o mesmo número de alunos para pesquisar o tema. Questões: • Quem mais contribuiu para o desenvolvimento das máquinas térmicas? • Qual foi o desenvolvimento/descoberta mais inovador(a)? • O que foi a Revolução Industrial?

(continua)

(Quadro 6.2 – continuação)

	Momentos	Direcionamentos
3.	• Experimento do barco a vapor. • Existem exemplos de construção de máquinas térmicas em livros de experimentos de Física, em livros didáticos e em *sites* na internet. É necessário pesquisar qual montagem é a mais adequada para o grupo de alunos. • As montagens podem ser realizadas no laboratório de ciências ou de forma extraclasse pelos alunos. • O professor pode escolher um modelo ou deixar os grupos de alunos resolverem o que vão construir.	Sugestão de construções: • Motor Stirling, do Manual do Mundo (Manual do Mundo, 2016). • Barquinho *pop pop*, do Manual do Mundo (Thenório, 2012). Souza e Souza (2018) utilizaram um tubo cortado ao meio de 70 cm com água como "pista" para o barco *pop pop* e calcularam velocidade, aceleração e potência, além de elaborarem gráficos de movimento. Valadares (2013), em *Física mais que divertida*, também apresenta sua versão do barquinho a vapor.

(continua)

(Quadro 6.2 – conclusão)

Momentos	Direcionamentos
4. • Maquete biodigestor + turbinas a vapor. • A maquete corresponde a um modelo reduzido, e as dimensões da representação devem ser consideradas. • Sugerir um tamanho padrão de base para a construção da maquete, de modo que esta possa ser facilmente carregada e disposta em mesas ou expositores. • Usar o espaço do colégio, se houver, para a exposição de trabalhos. O intervalo (recreio) pode ser um momento para que as equipes apresentem suas maquetes para os alunos de outras turmas. Essa é uma oportunidade para exercitar a capacidade de aplicar e transferir o que foi aprendido.	• Maquete explicativa de um biodigestor com indicação sobre a cogeração de energia elétrica por meio de turbinas a vapor. • A construção envolve pesquisa sobre como são os biodigestores e de que forma os motores são acoplados neles. • A estrutura da maquete pode ser em corte longitudinal ou vertical desde que ilustre o funcionamento das partes. • Deve-se fazer a apresentação em sala e em espaços do colégio para outros alunos e professores.

A biomassa, o biogás e os biodigestores são temas que podem compor um projeto interdisciplinar envolvendo Física, Biologia, Química e Geografia. A biomassa representa o total de matéria orgânica, morta ou viva, existente nos organismos (animais e vegetais) de determinada comunidade. Pode ser transformada por processos biológicos e químicos em fertilizantes (biofertilizantes) e em combustíveis (biogás). O combustível pode ser usado para a produção de energia elétrica quando ao sistema do biodigestor é acrescentada uma turbina a vapor ou a gás, ou um motor de combustão, ou microturbinas. Trata-se de um recurso renovável (Winck, 2012).

Na composição do projeto interdisciplinar, a Física ficaria responsável pela parte do estudo das máquinas térmicas envolvidas (princípios de funcionamento; processos de produção de energia elétrica; comparação de consumo entre fontes de energia renováveis e não renováveis); a Biologia poderia ocupar-se das atividades biológicas dos organismos envolvidos e dos resíduos (digestão anaeróbia; bactérias metanogênicas; resíduos florestais, agrícolas e pecuários); a Química/Bioquímica ficaria com as transformações dos compostos orgânicos em substâncias simples e com temas relacionados ao processo (liquefação realizada por bactérias; acidogênese/acetogênese; gaseificação; componentes poluentes de dejetos animais); e a Geografia trataria da distribuição e utilização de energias renováveis no Brasil ou em um estado específico (uso de biomassa no Brasil;

distribuição dos usos por região; identificação do tipo de biomassa mais utilizado; programas de incentivo ao uso de recursos renováveis).

A sequência didática de projetos interdisciplinares pode apresentar as seguintes etapas:

a) Solicitação de pesquisas em cada disciplina conforme seus temas principais e debate em conjunto com as outras disciplinas (professores).
b) Realização de experimentos para o entendimento de processos e a proposição para a construção de um objeto de interesse.
c) Elaboração e apresentação de esquemas explicativos da relação entre os processos e os caminhos para a construção do objeto.
d) Pesquisa de materiais e proposições de adaptações.
e) Escolha final de projeto de construção e formação de equipes para tarefas específicas de construção.
f) Fase de construção e testes (equipes).
g) Finalização com apresentação da construção em funcionamento, debate sobre os desafios do projeto e exposição das fases do projeto.

Dependendo do grau de dificuldade da montagem/construção, pode-se empregar um trimestre ou um ano. Esse tipo de proposta deve estar alinhado com os planos de trabalho docente (PTDs) e com um cronograma de atividades. Pode ser um projeto interdisciplinar que envolva todas as disciplinas e turmas de níveis diferentes durante o ano escolar.

Radiação residual

Neste capítulo, exploramos as possibilidades de atividades em termodinâmica e acrescentamos algumas estratégias ainda não contempladas em outros capítulos. Reforçamos a necessidade de analisar com atenção as várias estratégias, sua aplicabilidade e seu tempo de execução, bem como identificar para quem, como e com que intenção são empregadas. As sequências e os projetos têm um tempo de execução que demanda um cronograma detalhado, o qual serve, principalmente, para guiar as ações e orientações do professor.

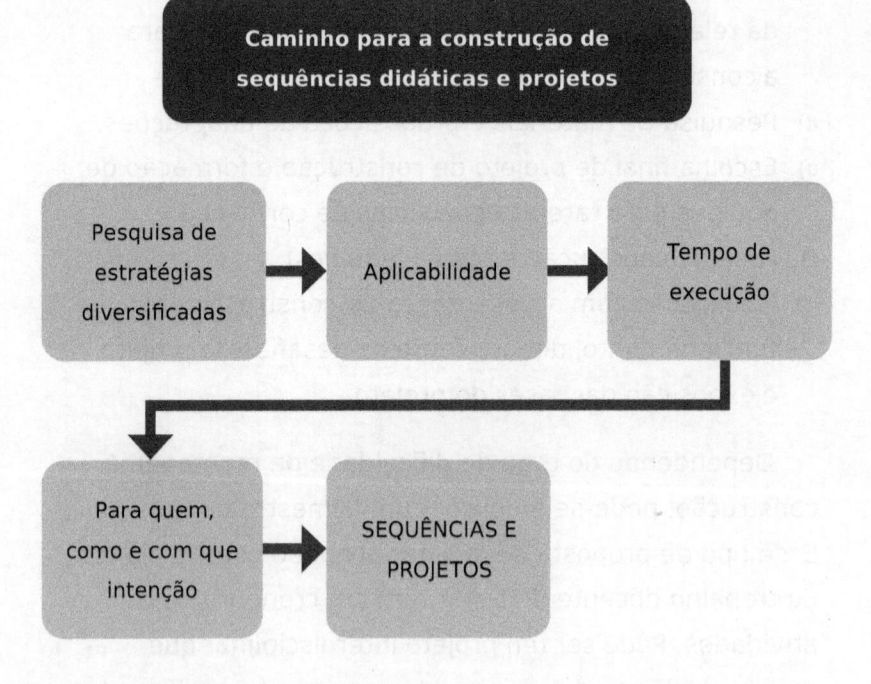

Caminho para a construção de sequências didáticas e projetos

Pesquisa de estratégias diversificadas → Aplicabilidade → Tempo de execução

Para quem, como e com que intenção → SEQUÊNCIAS E PROJETOS

A prática iniciou com a construção de termômetros e termoscópios, momento em que retomamos a importância das medidas na área de física. Vimos que, apesar de a calibração de instrumentos de medida ser um ponto importante na construção desses equipamentos utilizados no dia a dia, não refletimos sobre como as unidades usadas foram estabelecidas nem sobre como os instrumentos foram calibrados.

Na sequência didática para o trabalho com a curva de aquecimento da água, foi incluído o painel como estratégia para o desenvolvimento das capacidades de teorizar e sintetizar o conteúdo. Na sequência, optamos por uma abordagem de exploração de conteúdos com questões direcionadas e pesquisas de aplicações. Contudo, uma abordagem mais experimental poderia ser realizada com o objetivo de encontrar a equação fundamental da calorimetria.

Com o calorímetro e o conceito de calor específico, relembramos uma prática de construção e cálculo e recorremos a estratégias de leitura de textos científicos e redação dissertativa. Essas estratégias exercitam as capacidades de análise, síntese e transmissão daquilo que foi aprendido. Na discussão de textos científicos, percebem-se as concepções alternativas dos alunos e, quando se utiliza a redação, é possível analisar se as estratégias empregadas surtiram o efeito proposto e em qual profundidade de abstração.

A transmissão de calor pode ser empregada em projetos interdisciplinares com temas atuais e polêmicos, como o aquecimento global. Quanto mais disciplinas estiverem envolvidas no projeto interdisciplinar, mais perspectivas serão contempladas e melhor será o entendimento da condição humana na Terra, bem como das necessidades do planeta e dos seres que nele habitam.

Por fim, propusemos vídeos, maquetes, círculos de debate e experimento de máquina a vapor. Nesse conteúdo, também exploramos a possibilidade de se elaborar um projeto interdisciplinar e pontuamos as etapas para uma melhor compreensão da complexidade desse tipo de estratégia de ensino.

Testes quânticos

1) Por qual aspecto se diferenciam o termômetro e o termoscópio?
   a) Por suas substâncias termométricas.
   b) Pelo volume ocupado pela substância termométrica.
   c) Pelos princípios de funcionamento.
   d) Pelos modos de construção do aparato.
   e) Pela apresentação ou não de escalas.

2) Segundo Bordenave e Pereira (2004, p. 128), a capacidade de observar "inclui operações como: perceber a realidade, descrever situações e adquirir conhecimentos e informações". Nas atividades de ensino citadas a seguir, qual não se aplica a essa descrição?
a) Comparação de objetos e fenômenos.
b) Entrevistas de pessoas.
c) Uso de câmeras fotográficas e filmadoras.
d) Construção de maquetes, modelos e miniaturas.
e) Pesquisa bibliográfica.

3) A biomassa é um recurso natural renovável usado na produção de energia por meio de processos como a combustão de material orgânico. Um dos primeiros empregos da biomassa pelo ser humano para adquirir energia teve início com a utilização do fogo como fonte de calor e luz. Essa energia é resultado da decomposição de materiais orgânicos. Sob essa ótica, avalie qual dos materiais a seguir não resulta em biomassa:
a) Minerais.
b) Madeira.
c) Esterco.
d) Resíduos agrícolas.
e) Restos de alimentos.

4) A explicação física do funcionamento da garrafa térmica envolve quais conceitos?
   a) Condução e irradiação.
   b) Convecção.
   c) Calor específico e capacidade térmica.
   d) Condução, convecção e irradiação.
   e) Quantidade de calor.

5) Na utilização de vídeos e pesquisas, o professor deve:
   a) explicar os conteúdos previamente.
   b) propor questões de debate e oportunizar a apresentação oral de ideias e resultados.
   c) elaborar um roteiro de questões para resolução.
   d) desenvolver um cronograma de atividades relacionadas.
   e) listar objetivos em forma de conteúdos a serem atingidos.

Interações teóricas

Questões para reflexão

1) Pesquise um artigo científico sobre mudanças climáticas e, com base nele, elabore uma sequência didática com quatro etapas. Utilize estratégias de ensino conforme as possibilidades de discussão e elaboração de experimentos percebidas na leitura do artigo.

2) Sabemos que pesquisas históricas, além das bibliográficas, também são interessantes para as ciências. Sob essa ótica, pesquise na internet vídeos de fatos históricos relacionados ao desenvolvimento da ciência e da tecnologia. Escolha três e preencha o quadro a seguir.

Quadro A – Catálogo de vídeos para aula

Título e ano	Duração	Descrição	Disponível em:

Atividade aplicada: prática

1) Muitos exemplos de temas interdisciplinares foram apresentados no decorrer deste capítulo. Escolha entre os temas *processos de criogenia*, *efeitos do El Niño* e *sensoriamento remoto* e elabore um esboço de projeto interdisciplinar citando as possibilidades de

pesquisa, discussão e construção de um objeto. Você pode utilizar o modelo do quadro a seguir ou elaborar o seu. Com base no esboço, escreva o projeto interdisciplinar formal, com introdução, justificativa, objetivos, desenvolvimento, conclusões e referências.

Quadro B – Esboço de projeto interdisciplinar

Título do projeto		
Colégio:		
Professores:		
Disciplinas:		
Tempo de realização:		
Início:	Final:	
Etapa	Desenvolvimento	Tempo de realização
Pesquisas iniciais e debates (professores)	Quais temas serão tratados em cada disciplina, dentro do tema geral que intitula o projeto.	
Atividades com alunos relacionadas com o projeto (experimentos, pesquisas, debates de temas, apresentação/ proposição de projeto)	Neste momento, o tema e suas relações devem estar definidos. O tema será apresentado junto com as opções de construção.	
Pesquisas feitas pelos alunos, em grupo, com direcionamento para a construção de objetos e a apresentação de esquemas explicativos sobre os temas relacionados		

(continua)

(Quadro B – conclusão)

Etapa	Desenvolvimento	Tempo de realização
Pesquisa de projetos de construção e materiais (alunos)	Para promover o engajamento e a participação dos alunos, uma estratégia é permitir que eles escolham, entre as opções oferecidas, o que vão construir. Para isso, eles precisam pesquisar as construções e defender suas proposições de construção na próxima fase.	
Escolha de projeto e formação de equipes (professores e alunos)	Defesa dos objetos possíveis e votação. As equipes precisam ser formadas conforme a afinidade dos integrantes ou por suas características (pontos fortes). O projeto de construção pode ser dividido, de modo que cada equipe fique responsável por um aspecto da construção.	
Construção e testes (equipes)		
Apresentação do projeto de construção em funcionamento		
Exposição das fases do projeto e debate sobre os desafios (professores e alunos)	Fazer o registro fotográfico e em vídeos durante o processo é importante para esse debate final.	Realizar um *vernissage* com as fotos e os vídeos. Planejar uma confraternização para esse momento.

Além das camadas eletrônicas

Intencional é a palavra que caracteriza a ação do professor. Nessa ótica, começamos esta obra refletindo a respeito da história do ensino de Física, lembrando uma época na qual o Brasil era apenas um projeto que precisava de engenheiros militares e civis. A física, nesse contexto, era apenas algo prático e necessário a tais profissionais.

O panorama das salas de aula da época não deve nada a algumas escolas de hoje. Ideias novas surgiram, bem como a passagem para outro modelo de sociedade, e reformas foram elaboradas. Assim, a física foi ganhando espaço no currículo em função de novas necessidades. Sob essa ótica, é importante que os professores de Física entendam como a área evoluiu para a disciplina.

Entre as décadas de 1940 e 1960, a física caminhou para o *status* de ciência indispensável para o progresso econômico e social. A física era tanto uma disciplina quanto uma área de estudos em ensino e pesquisa acadêmica. A partir de 1984, algumas abordagens se voltaram para uma ação educativa dialógica, mas os problemas de estrutura continuaram a afetar as instituições. Todo o contexto histórico, político,

econômico e social influencia ações individuais,
e é preciso entender esses contextos para tomar
decisões melhores. Contudo, não se pode deixar que
eles prejudiquem as ações pedagógicas, tampouco que
interfiram na qualidade dessas ações. Essa é a reflexão
que os primeiros capítulos desta obra propuseram.

 Ainda, refletimos sobre o planejamento anual,
o livro didático, além das escolhas de materiais
complementares para as aulas. Cada capítulo discutiu
e demonstrou possibilidades que podem ser adequadas
à realidade de cada professor. Por isso, todo ano
é preciso repensar o planejamento, mudar a disposição
dos conteúdos, inserir ou excluir conteúdos, pensar em
algum projeto interdisciplinar etc. A ciência não é algo
estático e, por conta disso, o planejamento escolar
também não pode ser.

 O professor pode tentar incluir as literaturas
paradidática e científica de divulgação da ciência
para abordar temas complexos em Física, bem como
considerar artigos científicos sobre ensino de Física
que descrevem experimentos e roteiros testados para
a utilização em sala de aula. Tais detalhes enriquecem
a ação pedagógica.

 Para que o processo de ensino-aprendizagem
alcance seus objetivos, é importante, também, saber
aplicar as teorias de aprendizagem e as metodologias
de ensino de forma diversificada. As abordagens
ou enfoques teóricos sobre aprendizagem e ensino

procuram estabelecer uma relação entre a psicologia e os processos de aprendizagem. Como deve ser essa aplicação? Com base na intencionalidade. Se o professor tem a intenção de trabalhar com foco nas necessidades dos alunos, no emocional, em reforços positivos, nos conhecimentos prévios, nas condições históricas e sociais envolvidas, e assim por diante, cabe observar teorias de aprendizagem ou de comportamento que já descreveram essa maneira de entender o processo. Elas estão associadas a certas metodologias, com base nas quais é possível organizar as ações pedagógicas. Dessa forma, é fundamental considerar o conteúdo e o objetivo, realizar um planejamento e nele especificar metodologias e tempo de execução. Além disso, é preciso levar em conta se aquilo que foi idealizado de fato tem potencial para motivar e engajar os alunos.

Muitas metodologias foram estruturadas há mais de 50 anos, logo, não são novidade. A questão é que os cursos de licenciatura mais antigos, principalmente na área de exatas, não discutiam teorias de aprendizagem e metodologias dessa maneira. Nesta obra, porém, procuramos oportunizar essa análise a você. Na década de 1970, os referenciais teóricos em aprendizagem e suas relações com a metodologia empregada mostraram sua importância, e várias teorias de aprendizagem foram redescobertas. A partir disso, as metodologias foram sofrendo modificações e melhoramentos.

Nesse sentido, esperamos ter contribuído com sugestões de abordagens e de estratégias de ensino que façam a diferença na prática docente. Também desejamos que as reflexões sobre a história do ensino de Física e as abordagens teóricas e metodológicas tenham propiciado o entendimento de que a construção da ação docente vai além de resolver exercícios, pois ela depende de estudo e planejamento e de um posicionamento ativo, voltado à ação. Portanto, cabe ao professor estudar, procurar por temáticas inusitadas, inspirar-se em museus e buscar divertir-se na profissão que escolheu!

Lista de siglas

Abed – Associação Brasileira de Educação a Distância

AVA – Ambiente virtual de aprendizagem

BNCC – Base Nacional Curricular Comum

CBPF – Centro Brasileiro de Pesquisas Físicas

Cecine – Centro de Ciências do Nordeste

Claf – Centro Latino-Americano de Física

CNE – Conselho Nacional de Educação

CNLD – Comissão Nacional do Livro Didático

CNPq – Conselho Nacional de Pesquisas

CTS – Ciência, Tecnologia e Sociedade

CTSA – Ciência, Tecnologia, Sociedade e Ambiente

DCN – Diretrizes Curriculares Nacionais

DCT – *Deep cryogenic treatment*

ECA – Estatuto da Criança e do Adolescente

EDUHQ – Educação através de Histórias em Quadrinhos e Tirinhas

Epef – Encontro de Pesquisa em Ensino de Física

FAE – Fundação da Assistência ao Estudante

FNDE – Fundo Nacional de Desenvolvimento da Educação

Funbec – Fundação Brasileira para o Desenvolvimento do Ensino de Ciências

Gref – Grupo de Reelaboração do Ensino de Física

IAU – *International Astronomical Union* (União Astronômica Internacional)

IBECC – Instituto Brasileiro de Educação, Ciências e Cultura

IIR – Ilhas interdisciplinares de racionalidade

IPCC – Painel Intergovernamental de Mudanças Climáticas

LDBEN – Lei de Diretrizes e Bases da Educação Nacional

MEC – Ministério da Educação e Cultura

MU – Movimento uniforme

MUV – Movimento uniformemente variado

NOA – Núcleo de Construção de Objetos de Aprendizagem

OA – Objeto de aprendizagem

PEF – Projeto de Ensino de Física

PCN – Parâmetros Curriculares Nacionais

PNE – Plano Nacional de Educação

PNLA – Programa Nacional do Livro Didático para Alfabetização de Jovens e Adultos

PNLEM – Programa Nacional do Livro Didático para o Ensino Médio

PNLD – Programa Nacional do Livro Didático

PPP – Projeto político-pedagógico

Premem – Projeto Nacional para Melhoria do Ensino de Ciências

PSSC – Physical Science Study Committee

PTD – Plano de trabalho docente

SBPC – Sociedade Brasileira para o Progresso da Ciência

Senac – Serviço Nacional de Aprendizagem Comercial

Senai – Serviço Nacional de Aprendizagem Industrial

SI – Sistema Internacional de Unidades

SNEF – Simpósio Nacional de Ensino de Física

TWA – *Teaching with Analogies*

Unesco – Organização das Nações Unidas para a Educação, a Ciência e a Cultura

USP – Universidade de São Paulo

Referências

ABED – Associação Brasileira de Educação a Distância. **Censo EAD.BR**: relatório analítico da aprendizagem a distância no Brasil 2018. Curitiba: InterSaberes, 2019. Disponível em: <https://bit.ly/35MpbNo>. Acesso em: 17 nov. 2020.

ABRANTES, A. C. S. de. **Ciência, educação e sociedade**: o caso do Instituto Brasileiro de Educação, Ciência e Cultura (IBECC) e da Fundação Brasileira de Ensino de Ciências (FUNBEC). 312 f. Tese (Doutorado em História das Ciências e da Saúde) – Fundação Oswaldo Cruz, Rio de Janeiro, 2008. Disponível em: <https://www.arca.fiocruz.br/handle/icict/15976>. Acesso em: 29 out. 2020.

AGUIAR, E. V. B.; FLÔRES, M. L. P. Objetos de aprendizagem: conceitos básicos. In: TAROUCO, L. M. R. et al. (Org.). **Objetos de aprendizagem**: teoria e prática. Porto Alegre: Evangraf, 2014. p. 12-28. Disponível em: <https://bit.ly/2sHecGm>. Acesso em: 3 nov. 2020.

ALMEIDA, S. M. V. Metodologia alternativa para a prática de ensino. **Educar em Revista**, Curitiba, n. 4, p. 93-107, jan./dez. 1985. Disponível em: <https://bit.ly/2S9uq5K>. Acesso em: 4 nov. 2020.

ARAÚJO, C. A. G.; TENÓRIO, L. E. F. Proposta de um processo de gamification utilizando redes sociais como ferramenta. In: SBC – PROCEEDINGS OF SBGAMES, 11., Brasília, 2012. Disponível em: <http://sbgames.org/sbgames2012/proceedings/papers/gamesforchange/g4c-03.pdf>. Acesso em: 3 nov. 2020.

ARAÚJO, M. S. T de.; ABIB, M. L. V. dos S. Atividades experimentais no ensino de Física: diferentes enfoques, diferentes finalidades. **Revista Brasileira de Ensino de Física**, São Paulo, v. 25, n. 2, p. 176-194, jun. 2003. Disponível em: <https://www.scielo.br/pdf/rbef/v25n2/a07v25n2.pdf>. Acesso em: 17 nov. 2020.

ARRUDA, S. M.; LABURÚ, C. E. Considerações sobre a função do experimento no ensino de ciências. In: NARDI, R. (Org.). **Questões atuais no ensino de ciências**. São Paulo: Escrituras, 1998. p. 53-60.

ASSIS, A. K. T. **Arquimedes, o centro de gravidade e a lei da alavanca**. Montreal: Apeiron, 2008. Disponível em: <https://www.fisica.net/mecanicaclassica/Arquimedes.pdf>. Acesso em: 5 nov. 2020.

ASSIS, A. K. T.; RAVANELLI, F. M. de M. Reflexões sobre o conceito de centro de gravidade nos livros didáticos. **Ciência & Ensino**, Campinas, v. 2, n. 2, jun. 2008. Disponível em: <https://www.ifi.unicamp.br/~assis/Ciencia-e-Ensino-V2(2008).pdf>. Acesso em: 5 nov. 2020.

AUGUSTO, T. G. da S.; CALDEIRA, A. M. de A. Dificuldades para a implantação de práticas interdisciplinares em escolas estaduais, apontadas por professores da área de ciências da natureza. **Investigações em Ensino de Ciências**, Porto Alegre, v. 12, n. 1, p. 139-154, 2007. Disponível em: <https://bit.ly/2PPrNo7>. Acesso em: 4 nov. 2020.

BARBOSA, J. P. **Micrômetro**. Instituto Federal do Espírito Santo. Disponível em: <ftp://ftp.sm.ifes.edu.br/professores/joaopaulo/pronatec/METROLOGIA/MICROMETRO.pdf>. Acesso em: 4 nov. 2020.

BARRETO FILHO, B.; SILVA, C. X. **Física aula por aula**: termologia, óptica e ondulatória – 2° ano. 3. ed. São Paulo: FTD, 2016.

BARRETO, U. R.; BEJARANO, N. R. R. O estado da arte sobre modelos a partir da filosofia da ciência e suas implicações para o ensino de química. In: ENCONTRO NACIONAL DE PESQUISA EM EDUCAÇÃO EM CIÊNCIAS, 9., 2013, Águas de Lindoia. Disponível em: <http://abrapecnet.org.br/atas_enpec/ixenpec/atas/resumos/R1351-1.pdf>. Acesso em: 3 nov. 2020.

BATISTA, M. C.; FUSINATO, P. A.; BLINI, R. B. Reflexões sobre a importância da experimentação no ensino de Física. **Acta Scientiarum. Human and Social Sciences**, Maringá, v. 31, n. 1, p. 43-49, 2009. Disponível em: <https://www.redalyc.org/pdf/3073/307325328006.pdf>. Acesso em: 3 nov. 2020.

BESERRA, D. W. S. C. et al. Ensino de astronomia com os softwares Stellarium e Celestia. In: CONGRESSO INTERNACIONAL DE TECNOLOGIA NA EDUCAÇÃO, 10., 2012, Recife. Disponível em: <https://bit.ly/2QJ8Pyq>. Acesso em: 17 nov. 2020.

BISOGNIN, E.; BISOGNIN, V. Percepções de professores sobre o uso da modelagem matemática em sala de aula. **Boletim de Educação Matemática**, Rio Claro, v. 26, n. 43, p. 1049-1069, ago. 2012. Disponível em: <https://www.redalyc.org/pdf/2912/291226275013.pdf>. Acesso em: 3 nov. 2020.

BORDENAVE, J. D.; PEREIRA, A. M. **Estratégias de ensino-aprendizagem**. 25. ed. Petrópolis: Vozes, 2004.

BRAGA, A. G. R. **Física experimental em sala de aula mediante uso do smartphone**. 91 f. Dissertação (Mestrado em Ensino de Física) – Universidade Federal do Rio de Janeiro, Macaé, 2017. Disponível em: <http://www.macae.ufrj.br/ppgef/images/PDFs/dissertacoes/turma_2014/DISSERTAO-FINAL-ANTONIO-R.-BRAGA.pdf>. Acesso em: 4 nov. 2020.

BRASIL. Constituição (1988). **Diário Oficial da União**, Brasília, DF, 5 out. 1988. Disponível em: <http://www.planalto.gov.br/ccivil_03/constituicao/constituicao.htm>. Acesso em: 17 nov. 2020.

BRASIL. Decreto-Lei n. 9.355, de 13 de junho de 1946. **Diário Oficial da União**, Poder Executivo, Brasília, DF, 13 jun. 1946. Disponível em: <http://www.planalto.gov.br/ccivil_03/decreto-lei/1937-1946/Del9355.htm>. Acesso em: 29 out. 2020.

BRASIL. Lei n. 4.024, de 20 de dezembro de 1961. **Diário Oficial da União**, Poder Legislativo, Brasília, DF, 20 dez. 1961. Disponível em: <https://www2.camara.leg.br/legin/fed/lei/1960-1969/lei-4024-20-dezembro-1961-353722-normaatualizada-pl.pdf>. Acesso em: 29 out. 2020.

BRASIL. Lei n. 5.692, de 11 de agosto de 1971. **Diário Oficial da União**, Poder Legislativo, Brasília, DF, 18 ago. 1971. Disponível em: <https://www.planalto.gov.br/ccivil_03/leis/l5692.htm>. Acesso em: 19 nov. 2020.

BRASIL. Lei n. 8.069, de 13 de julho de 1990. **Diário Oficial da União**, Poder Legislativo, Brasília, DF, 16 jul. 1990. Disponível em: <http://www.planalto.gov.br/ccivil_03/leis/l8069.htm>. Acesso em: 17 nov. 2020.

BRASIL. Lei n. 9.394, de 20 de dezembro de 1996. **Diário Oficial da União**, Poder Legislativo, Brasília, 23 dez. 1996. Disponível em: <http://www.planalto.gov.br/ccivil_03/leis/l9394.htm>. Acesso em: 17 nov. 2020.

BRASIL. Lei n. 13.005, de 25 de junho de 2014. **Diário Oficial da União**, Poder Legislativo, Brasília, DF, 26 jun. 2014. Disponível em: <http://www.planalto.gov.br/ccivil_03/_ato2011-2014/2014/lei/l13005.htm>. Acesso em: 29 out. 2020.

BRASIL. Lei n. 13.415, de 16 de fevereiro de 2017. **Diário Oficial da União**, Poder Executivo, Brasília, 17 fev. 2017. Disponível em: <http://www.planalto.gov.br/ccivil_03/_ato2015-2018/2017/lei/l13415.htm>. Acesso em: 17 nov. 2020.

BRASIL. Ministério da Educação. Fundo Nacional de Desenvolvimento da Educação. **Programas do livro**: histórico. Disponível em: <https://bit.ly/2OjXOnK>. Acesso em: 29 out. 2020a.

BRASIL. Ministério da Educação. **PNLD**: apresentação. Disponível em: <http://portal.mec.gov.br/pnld/apresentacao>. Acesso em: 11 set. 2020b.

CABRAL, D. Academia Real Militar. In: **Dicionário da adminstração pública brasileira**. Período Colonial. Brasília: Arquivo Nacional/Memória da Administração Pública Brasileira, 23 jun. 2020. Disponível em: <http://mapa.an.gov.br/index.php/dicionario-periodo-colonial/126-academia-real-militar>. Acesso em: 3 nov. 2020.

CARNEIRO, M. **História da educação**. Curitiba: Iesde, 2017.

CARUSO, F.; FREITAS, N. Física moderna no ensino médio: o espaço-tempo de Einstein em tirinhas. **Caderno Brasileiro de Ensino de Física**, Florianópolis, v. 26, n. 2, p. 355-366, 2009. Disponível em: <https://dialnet.unirioja.es/servlet/articulo?codigo=5165767>. Acesso em: 3 nov. 2020.

CAVALCANTE, M. Interdisciplinaridade: um avanço na educação. **Nova Escola**, 7 mar. 2018. Disponível em: <https://novaescola.org.br/conteudo/249/interdisciplinaridade-um-avanco-na-educacao>. Acesso em: 4 nov. 2020.

CAVALCANTE, A. A.; SALES, G. L. **Mecânica (atividades) nos OA's do PhET**. 23 out. 2018. Disponível em: <https://phet.colorado.edu/en/contributions/view/4999>. Acesso em: 5 nov. 2020.

CELESTINO, M. Como fazer seu painel para evento acadêmico. **Novos Focas**, 5 fev. 2008. Disponível em: <https://novosfocas.wordpress.com/2008/02/05/como-fazer-seu-painel-para-evento-academico/>. Acesso em: 19 nov. 2020.

CHÉREAU, F. **Stellarium**. 2001. Aplicativo. Disponível em: <https://stellarium.org/pt/>. Acesso em: 17 nov. 2020.

CIAVATTA, M.; RAMOS, M. A "era das diretrizes": a disputa pelo projeto de educação dos mais pobres. **Revista Brasileira de Educação**, Rio de Janeiro, v. 17, n. 49, p. 11-37, jan./abr. 2012. Disponível em: <http://www.scielo.br/pdf/rbedu/v17n49/a01v17n49>. Acesso em: 29 out. 2020.

CIVITATIS. **Trem Maglev**. Guia de turismo. Disponível em: <https://www.tudosobreshanghai.com/trem-maglev>. Acesso em: 5 nov. 2020.

CONECTA FG. **Paquímetro**: aprenda a usar essa ferramenta de forma correta. 2018. Disponível em: <http://conectafg.com.br/paquimetro-usando-de-forma-correta/>. Acesso em: 4 nov. 2020.

CORREIA, E. dos S.; SILVA, V. A. Uma experiência sobre o que dizem os teóricos da aprendizagem. **Revista Tempos e Espaços em Educação**, São Cristóvão, v. 9, n. 19, p. 51-62, maio/ago. 2016. Disponível em: <https://seer.ufs.br/index.php/revtee/article/view/5595>. Acesso em: 17 nov. 2020.

DOMÍNGUEZ, N. Descoberto Higia, o menor planeta anão do Sistema Solar. **El País**, 29 out 2019. Disponível em: <https://brasil.elpais.com/brasil/2019/10/28/ciencia/1572277727_062963.html>. Acesso em: 13 nov. 2020.

DOURADO, I. C. P.; PRANDINI, R. C. A. R. Henri Wallon: psicologia e educação. **Augusto Guzzo Revista Acadêmica**, São Paulo, n. 5, p. 23-31, ago. 2012. Disponível em: <http://fics.edu.br/index.php/augusto_guzzo/article/view/110>. Acesso em: 30 out. 2020.

DUARTE, M. E. M.; MATA, M. E. R. M. C.; PAIVA, B. R. de. Propriedades termofísicas da polpa de mangaba a baixas e ultra-baixas temperaturas: densidade e calor específico. **Revista Brasileira de Produtos Agroindustriais**, Campina Grande, n. 1, p. 19-29, 2003. Disponível em: <http://deag.ufcg.edu.br/rbpa/rev5e/Art5e3.pdf>. Acesso em: 16 nov. 2020.

EIRAS, W. da C. S. Investigando as atividades demonstrativas no ensino de Física. In: ENCONTRO NACIONAL DE PESQUISA EM ENSINO DE CIÊNCIAS, 4., 2003. Disponível em: <http://abrapecnet.org.br/atas_enpec/ivenpec/Arquivos/Orais/ORAL093.pdf>. Acesso em: 29 out. 2020.

ESTUDO desmente mitos e reforça a importância dos sistemas de air bag frontal e lateral. **Agência USP de Notícias**, São Paulo, 15 set. 2006. Disponível em: <http://www.usp.br/agen/repgs/2006/pags/181.htm>. Acesso em: 17 nov. 2020.

FARIA, J. A. de. **Aceleração da gravidade**. 2 jun. 2010. Disponível em: <http://portaldoprofessor.mec.gov.br/fichaTecnicaAula.html?aula=19792>. Acesso em: 17 nov. 2020.

FAZENDA, I. C. A. Interdisciplinaridade-transdisciplinaridade: visões culturais e epistemológicas. In: FAZENDA, I. C. A. (Org.). **O que é interdisciplinaridade?** São Paulo: Cortez, 2008. p. 17-28.

FERRAZ, D. F.; TERRAZZAN, E. A. O uso de analogias como recurso didático por professores de Biologia no ensino médio. **Revista Brasileira de Pesquisa em Educação em Ciências**, Belo Horizonte, v. 1, n. 3, 2001. Disponível em: <https://periodicos.ufmg.br/index.php/rbpec/article/view/4164/2729>. Acesso em: 13 nov. 2020.

FIORIO, V.; HENRIQUE, F. O que é um micrômetro? **Indústria Hoje**, 1º jun. 2013. Disponível em: <https://industriahoje.com.br/o-que-e-um-micrometro>. Acesso em: 11 set. 2020.

FONSECA FILHO, P. R. da. **Uma sequência didática para o estudo de colisões com a utilização de simulador e game**. 86 f. Dissertação (Mestrado em Ensino de Física) – Universidade Federal do Rio Grande do Norte, Natal, 2019. Disponível em: <https://repositorio.ufrn.br/jspui/bitstream/123456789/27326/1/Sequ%C3%AAnciadid%C3%A1ticaestudo_FonsecaFilho_2019.pdf>. Acesso em: 5 nov. 2020.

FORÇA, A. C.; LABURÚ, C. E.; SILVA, O. H. M. Atividades experimentais no ensino de física: teoria e práticas. In: ENCONTRO NACIONAL DE PESQUISA EM EDUCAÇÃO EM CIÊNCIAS, v. 7, 2011. Disponível em: <http://loos.prof.ufsc.br/files/2016/03/ATIVIDADES-EXPERIMENTAIS-NO-ENSINO-DE-F%C3%8DSICA-TEORIA-E-PR%C3%81TICAS.pdf>. Acesso em: 17 nov. 2020.

FRANCISCO JUNIOR, W. E.; SANTOS, R. I. dos. Experimentação mediante vídeos: concepções de licenciandos sobre possibilidades e limitações para a aplicação em aulas de química. **Revista Brasileira de Ensino de Ciência e Tecnologia**, v. 4, n. 2, p. 105-125, maio/ago. 2011. Disponível em: <https://periodicos.utfpr.edu.br/rbect/article/view/849/701>. Acesso em: 29 out. 2020.

FREDERICO, F. T.; GIANOTTO, D. E. P. Metodologia no ensino de ciências: contribuições da utilização de histórias em quadrinhos para ensinar física. **Revista NUPEM**, Campo Mourão, v. 4, n. 7, p. 199-215, ago./dez. 2012. Disponível em: <http://fecilcam.br/revista/index.php/nupem/article/viewFile/261/193>. Acesso em: 3 nov. 2020.

FUNDAÇÃO BIBLIOTECA NACIONAL. **Dom João VI e a Biblioteca Nacional**: o papel de um legado. Cronologia Período Joanino. Disponível em: <http://bndigital.bn.gov.br/projetos/expo/djoaovi/cronologia.html>. Acesso em: 17 nov. 2020.

GABLER, L.; ALVES, S. P. Imperial Colégio de Pedro II. In: **Dicionário da administração pública brasileira**. Período Imperial. Brasília: Arquivo Nacional/Memória da Administração Pública Brasileira, 26 ago. 2020. Disponível em: <https://bit.ly/2ku4vqV>. Acesso em: 3 nov. 2020.

GASPAR, A. Cinquenta anos de ensino de Física: muitos equívocos, alguns acertos e a necessidade do resgate do papel do professor. In: ENCONTRO DE FÍSICOS DO NORTE E NORDESTE, 15., Natal, 1997. **Anais**... Natal: SBE, 1997. p. 1-13. Disponível em: <https://edisciplinas.usp.br/pluginfile.php/3360182/mod_resource/content/0/CINQ%C3%9CENTA%20ANOS%20DE%20ENSINO%20DE%20F%C3%8DSICA.pdf>. Acesso em: 17 nov. 2020.

GONÇALVES, L. J. **Físca térmica**: termoscópio. set. 2004. Disponível em: <http://www.if.ufrgs.br/cref/leila/termosc.htm>. Acesso em: 16 nov. 2020.

GONÇALVES, L. J.; VEIT, E. A.; SILVEIRA, F. L. Textos, animações e vídeos para o ensino-aprendizagem de física térmica no ensino médio. In: ENCONTRO ESTADUAL DE ENSINO DE FÍSICA, 1., 2006, Porto Alegre. **Atas**... Porto Alegre: UFRGS – Instituto de Física, 2006. p. 93-101. Disponível em: <https://www.lume.ufrgs.br/bitstream/handle/10183/621/000558274.pdf>. Acesso em: 5 nov. 2020.

JAPIASSU, H. A questão da interdisciplinaridade. In: SEMINÁRIO INTERNACIONAL SOBRE REESTRUTURAÇÃO CURRICULAR, 1994, Porto Alegre. Palestra... Disponível em: <http://smeduquedecaxias.rj.gov.br/nead/Biblioteca/Forma%C3%A7%C3%A3o%20Continuada/Artigos%20Diversos/interdisciplinaridade-japiassu.pdf>. Acesso em: 4 nov. 2020.

KAHOOT. **About us**. Disponível em: <https://kahoot.com/company/#history>. Acesso em: 5 nov. 2020a.

KAHOOT. **Create Kahoot**. Disponível em: <https://create.kahoot.it>. Acesso em: 5 nov. 2020b.

KANBACH, B. G.; LABURÚ, C. E.; SILVA, O. H. M. da. Razões para a não utilização de atividades práticas por professores de Física no ensino médio. In: SIMPÓSIO NACIONAL DE ENSINO DE FÍSICA, 16., 2005, Rio de Janeiro. **Anais**... Rio de Janeiro: Cefet-RJ, 2005. Disponível em: <https://sec.sbfisica.org.br/eventos/snef/xvi/cd/resumos/T0373-1.pdf>. Acesso em: 3 nov. 2020.

LANGHI, R.; NARDI, R. Formação de professores e seus saberes disciplinares em astronomia essencial nos anos iniciais do ensino fundamental. **Ensaio Pesquisa em Educação em Ciências**, v. 12, n. 2, p. 205-224, maio/ago. 2010. Disponível em: <https://www.redalyc.org/pdf/1295/129515480013.pdf>. Acesso em: 13 nov. 2020.

LEFRANÇOIS, G. R. **Teorias da aprendizagem**. São Paulo: Cengage Learning, 2008.

LOPES, R.; FEITOSA, E. Applets como recurso pedagógico no ensino de Física: aplicação em cinemática. In: SIMPÓSIO NACIONAL DE ENSINO DE FÍSICA, 18., Vitória, 2009. Disponível em: <https://sec.sbfisica.org.br/eventos/snef/xviii/sys/resumos/T0177-1.pdf>. Acesso em: 3 nov. 2020.

MANUAL DO MUNDO. **Construa um motor movido a vela (motor Stirling)**. 19 jan. 2016. Disponível em: <http://www.manualdomundo.com.br/2016/01/aprenda-como-fazer-um-motor-stirling/>. Acesso em: 16 nov. 2020.

MARQUES, B. P. **A manutenção do equilíbrio**. 4 abr. 2018. Disponível em: <https://www.anabotafogomaison.com.br/a-manutencao-do-equilibrio/>. Acesso em: 5 nov. 2020.

MICHEL, F. V. **A origem do livro didático**. 2019. Disponível em: <https://bit.ly/2OdPkyF>. Acesso em: 11 set. 2020.

MONTINI. Termômetros clínicos: como funcionam. **Almanaque de Metrologia do Ipem**, 2010. Disponível em: <https://bit.ly/2SSv1ZF>. Acesso em: 16 nov. 2020.

MOREIRA, M. A. Ensino de Física no Brasil: retrospectiva e perspectivas. **Revista Brasileira de Ensino de Física**, São Paulo, v. 22, n. 1, p. 94-99, mar. 2000. Disponível em: <https://www.lume.ufrgs.br/handle/10183/116896>. Acesso em: 17 nov. 2020.

MOREIRA, M. A. **Teorias de aprendizagem**. 2. ed. ampl. São Paulo: EPU, 2011.

MOTA, A. R.; ROSA, C. T. W. da. Ensaio sobre metodologias ativas: reflexões e propostas. **Revista Espaço Pedagógico**, v. 25, n. 2, p. 261-276, maio 2018. Disponível em: <http://seer.upf.br/index.php/rep/article/view/8161>. Acesso em: 3 nov. 2020.

MOZZER, N. B.; JUSTI, R. "Nem tudo que reluz é ouro": Uma discussão sobre analogias e outras similaridades e recursos utilizados no ensino de Ciências. **Revista Brasileira de Pesquisa em Educação em Ciências**, Belo Horizonte, v. 15, n. 1, p. 123-147, jan./abr. 2015. Disponível em: <https://periodicos.ufmg.br/index.php/rbpec/article/view/4305>. Acesso em: 3 nov. 2020.

NARDI, R. Memórias da educação em ciências no Brasil: a pesquisa em ensino de Física. **Investigações em Ensino de Ciências**, Porto Alegre, v. 10, n. 1, p. 63-101, 2005. Disponível em: <https://www.if.ufrgs.br/cref/ojs/index.php/ienci/article/view/523>. Acesso em: 29 out. 2020.

NOA – Núcleo de Construção de Objetos de Aprendizagem. Universidade Federal da Paraíba. jul. 2009.
Disponível em: <http://www.fisica.ufpb.br/~romero/objetosaprendizagem/Rived/>. Acesso em: 5 nov. 2020.

NOGUEIRA, S.; CANALLE, J. B. G. **Astronomia**: ensino fundamental e médio. Parte 1: Fronteira espacial. Brasília: MEC/SEB/MCT/AEB, 2009. (Coleção Explorando o Ensino: Astronomia, v. 11). Disponível em: <https://bit.ly/2MOv5WJ>. Acesso em: 13 nov. 2020.

NUSSENZVEIG, H. M. **Curso de física básica**: mecânica. São Paulo: E. Blücher, 2013. v. 1.

O PRIMEIRO carro da história era a vapor [a lenha mesmo]. 16 dez. 2018. Disponível em: <https://www.youtube.com/watch?v=ypdvDbf_iG4>. Acesso em: 17 nov. 2020.

O SURGIMENTO das máquinas. 2016. Disponível em: <https://www.youtube.com/watch?v=6zLHyZo-m64>. Acesso em: 17 nov. 2020.

OLIVEIRA, D. R. A. de. Mario Bunge, 100 anos: um filósofo contra a pseudociência. **Questão de Ciência**, 19 set. 2019. Disponível em: <https://www.revistaquestaodeciencia.com.br/dossie-questao/2019/09/19/mario-bunge-100-anos-um-filosofo-contra-pseudociencia>. Acesso em: 17 nov. 2020.

OLIVEIRA FILHO, K. de S.; SARAIVA, M. de F. O. **O sistema solar**. 1º set. 2019. Disponível em: <http://astro.if.ufrgs.br/ssolar.htm>. Acesso em: 13 nov. 2020.

OLIVEIRA, T. E. de; ARAUJO, I. S.; VEIT, E. A. Sala de aula invertida (flipped classroom): inovando as aulas de física. **Física na Escola**, São Paulo, v. 14, n. 2, p. 4-13, 2016. Disponível em: <https://www.lume.ufrgs.br/bitstream/handle/10183/159368/001016037.pdf?sequence=1&isAllowed=y>. Acesso em: 3 nov. 2020.

PARANÁ. Secretaria de Estado da Educação. Departamento de Educação Básica. **Diretrizes Curriculares da Educação Básica**: Física. Curitiba, 2008. Disponível em: <http://www.educadores.diaadia.pr.gov.br/arquivos/File/diretrizes/dce_fis.pdf>. Acesso em: 29 out. 2020.

PAZ, A. M. et al. Modelos e modelizações no ensino: um estudo da cadeia alimentar. **Ensaio Pesquisa em Educação em Ciências**, v. 8, n. 2, p. 133-146, dez. 2006. Disponível em: <https://www.redalyc.org/pdf/1295/129516277005.pdf>. Acesso em: 3 nov. 2020.

PEDROSO, L. S.; PIMENTA NETO, F.; ARAÚJO, M. S. T. de. Investigação sobre o funcionamento de um termômetro digital de baixo custo. **Revista Brasileira de Física Tecnológica Aplicada**, Ponta Grossa, v. 1, n. 2, dez. 2014. Disponível em: <https://periodicos.utfpr.edu.br/rbfta/article/view/1879/1813>. Acesso em: 16 nov. 2020.

PHET INTERACTIVE SIMULATIONS. Disponível em: <https://phet.colorado.edu/pt/simulations/filter?subjects=physics&sort=alpha&view=grid>. Acesso em: 3 nov. 2020a.

PHET INTERACTIVE SIMULATIONS. **Collision Lab**. Disponível em: <https://phet.colorado.edu/en/simulation/legacy/collision-lab>. Acesso em: 5 nov. 2020b.

PHET INTERACTIVE SIMULATIONS. **Energia do Parque de Skate**. Disponível em: <https://phet.colorado.edu/pt/simulation/legacy/energy-skate-park>. Acesso em: 5 nov. 2020c.

PHET INTERACTIVE SIMULATIONS. **Energia do Parque de Skate**: Básico. Disponível em: <https://phet.colorado.edu/pt/simulation/energy-skate-park-basics>. Acesso em: 5 nov. 2020d.

PHET INTERACTIVE SIMULATIONS. **Forças e Movimento**: Noções Básicas. Disponível em: <https://phet.colorado.edu/pt_BR/simulation/forces-and-motion-basics>. Acesso em: 5 nov. 2020e.

PHET INTERACTIVE SIMULATIONS. **Massas e Molas**. Disponível em: <https://bit.ly/2F0itr8>. Acesso em: 5 nov. 2020f.

PHET INTERACTIVE SIMULATIONS. **Momento**. Disponível em: <https://phet.colorado.edu/pt/simulation/torque>. Acesso em: 5 nov. 2020g.

PHET INTERACTIVE SIMULATIONS. **Simulações**: física. Disponível em: <https://phet.colorado.edu/pt_BR/simulations/browse>. Acesso em: 5 nov. 2020h.

PIETROCOLA, M. Construção e realidade: o realismo científico de Mário Bunge e o ensino de ciências através de modelos. **Investigações em Ensino de Ciências**, Porto Alegre, v. 4, n. 3, p. 213-227, 1999. Disponível em: <https://www.if.ufrgs.br/cref/ojs/index.php/ienci/article/view/604/pdf>. Acesso em: 3 nov. 2020.

PIETROCOLA, M. et al. **Física em contextos**. São Paulo: Ed. do Brasil, 2017. v. 1.

PIETROCOLA, M.; ALVES FILHO, J. de P.; PINHEIRO, T. de F. Prática interdisciplinar na formação disciplinar de professores de ciências. **Investigações em Ensino de Ciências**, Porto Alegre, v. 8, n. 2, p. 131-152, 2003. Disponível em: <https://www.if.ufrgs.br/cref/ojs/index.php/ienci/article/view/544>. Acesso em: 4 nov. 2020.

PRADO, C. G.; BUIATTI, V. P. **Psicologia na educação**. Uberlândia: UFU, 2016. Disponível em: <https://bit.ly/2ML7021>. Acesso em: 30 out. 2020.

RIBEIRO, M. L. S. **História da educação brasileira**: organização escolar. 21. ed. Campinas: Autores Associados, 2010.

RIBEIRO, P. R. M. História da educação escolar no Brasil: notas para uma reflexão. **Paideia**, Ribeirão Preto, n. 4, p. 15-30, fev./jul. 1993. Disponível em: <http://www.scielo.br/pdf/paideia/n4/03.pdf>. Acesso em: 17 nov. 2020.

RODES, G. P. **O processo de implementação de uma sequência de ensino investigativa e o desenvolvimento de conceitos relacionados à hidrostática no ensino médio**. 129 f. Dissertação (Mestrado em Ensino de Física) – Universidade Federal do Espírito Santo, Vitória, 2017. Disponível em: <http://repositorio.ufes.br/jspui/bitstream/10/6939/1/tese_11650_Vers_o%20Final_Giovane%20Pereira%20Rodes.pdf>. Acesso em: 3 nov. 2020.

RODRIGUES, C. V. O sistema solar. In: MILONE, A. C. et al. **Introdução à astronomia e astrofísica**. São José dos Campos: INPE, 2003. Capítulo 3, p. 1-45. Disponível em: <https://bit.ly/2MMUKyW>. Acesso em: 16 nov. 2020.

SANTOS, A. M. dos et al. A educação como gestão do conhecimento: processo determinante no desenvolvimento da sociedade. **Revista de Educación Superior del Sur Global – RESUR**, n. 2, p. 23-40, enero-jul. 2016. Disponível em: <http://www.iusur.edu.uy/publicaciones/index.php/RESUR/article/view/21/36>. Acesso em: 3 nov. 2020.

SANTOS, R. P.; BALTHAZAR, W. F.; HUGUENIN, J. A. O. Sequência didática para o ensino de cinemática com vídeo análise na perspectiva da teoria de aprendizagem significativa. **Revista do Professor de Física**, Brasília, v. 1, n. 2, p. 54-67, 2017. Disponível em: <https://periodicos.unb.br/index.php/rpf/article/view/7072/5723>. Acesso em: 4 nov. 2020.

SÉRÉ, M.-G.; COELHO, S. M.; NUNES, A. D. O papel da experimentação no ensino da Física. **Caderno Brasileiro de Ensino de Física**, Florianópolis, v. 20, n. 1, p. 30-42, abr. 2003. Disponível em: <http://www.paulorosa.docente.ufms.br/Pratica_III/Sere_Coelho_Nunes_O_papel_experimentacao.pdf>. Acesso em: 17 nov. 2020.

SILVA, B. de A. **O que é contextualização na BNCC e qual a sua importância?** 5 out. 2018. Disponível em: <https://www.profseducacao.com.br/2018/10/05/o-que-e-contextualizacao-na-bncc-e-qual-a-sua-importancia>. Acesso em: 4 nov. 2020.

SILVA, D. L. Do gesto ao símbolo: a teoria de Henri Wallon sobre a formação simbólica. **Educar em Revista**, Curitiba, n. 30, p. 145-163, 2007. Disponível em: <https://www.redalyc.org/pdf/1550/155013356010.pdf>. Acesso em: 29 out. 2020.

SILVA, E. F. da.; GARCIA, T. M. F. B.; GARCIA, N. M. D. O livro didático de Física está na escola. O que pensam os alunos do ensino médio? In: ENCONTRO NACIONAL DE PESQUISA EM EDUCAÇÃO EM CIÊNCIAS (ENPEC), 8., 2011. Disponível em: <http://abrapecnet.org.br/atas_enpec/viiienpec/resumos/R0582-1.pdf>. Acesso em: 30 out. 2020.

SILVA, G. A. Leis de Kepler do movimento planetário: um breve panorama de como a história da cosmologia mostra sua descoberta. In: SEMINÁRIO NACIONAL DE HISTÓRIA DA CIÊNCIA E DA TECNOLOGIA, 15., 2016, Florianópolis. **Anais eletrônicos**... Florianópolis: UFSC, 2016. Disponível em: <https://bit.ly/39zx239>. Acesso em: 13 nov. 2020.

SILVA, J. B. da.; SALES, G. L. Atividade experimental de baixo custo: o contributo do ludião e suas implicações para o ensino de Física. **Revista do Professor de Física**, Brasília, v. 2, n. 2, p. 27-39, 2018. Disponível em: <https://bit.ly/2QokuTm>. Acesso em: 5 nov. 2020.

SILVA, L. P. Formação profissional no Brasil: o papel do Serviço Nacional de Aprendizagem Industrial – Senai. **História**, Franca, v. 29, n. 1, p. 394-417, 2010. Disponível em: <http://www.scielo.br/pdf/his/v29n1/22.pdf>. Acesso em: 17 nov. 2020.

SILVA, M. F.; SIEBIGER, R. H. Ensino híbrido no Brasil: o que dizem as pesquisas. **Revista Panorâmica On-Line**, Barra do Garças, v. 22, p. 129-142, jan./jun. 2017. Disponível em: <https://bit.ly/35THq3z>. Acesso em: 3 nov. 2020.

SÓ BIOLOGIA. **Reciclagem**. Disponível em: <https://www.sobiologia.com.br/conteudos/reciclagem/reciclagem1.php>. Acesso em: 17 nov. 2020.

SOUZA, T. C.; SOUZA, A. D. Ensino de Física no ensino médio: máquina térmica – barquinho pop-pop. In: CONGRESSO ESTADUAL DE INICIAÇÃO CIENTÍFICA E TECNOLÓGICA DO INSTITUTO FEDERAL GOIANO, 7., 2018, Rio Verde. Disponível em: <https://even3.blob.core.windows.net/anais/113394.pdf>. Acesso em: 17 nov. 2020.

STEINMETZ, C. A. **Sequências didáticas significativas para o ensino do princípio de Arquimedes integrando teoria e experimento**. 161 f. Dissertação (Mestrado em Ensino de Física) – Universidade Federal do Rio Grande do Sul, Tramandaí, 2018. Disponível em: <https://bit.ly/35b3TrH>. Acesso em: 5 nov. 2020.

STELLARIUM WEB. Disponível em: <https://stellarium-web.org/>. Acesso em: 13 nov. 2020.

TAROUCO, L. M. R. et al. Formação de professores para produção e uso de objetos de aprendizagem. **Novas Tecnologias na Educação**, Porto Alegre, v. 4, n. 1, jul. 2006. Disponível em: <https://www.seer.ufrgs.br/renote/article/viewFile/13886/7802>. Acesso em: 3 nov. 2020.

TEIXEIRA, O. P. B.; BENETI, A. C. Resgatando a história do ensino de física no Brasil: a Academia Real Militar (1810). In: ENCONTRO NACIONAL DE PESQUISA EM EDUCAÇÃO EM CIÊNCIAS, 9., Águas de Lindóia, 2013. Disponível em: <http://abrapecnet.org.br/atas_enpec/ixenpec/atas/resumos/R1082-1.pdf>. Acesso em: 17 nov. 2020.

TERRAZZAN, E. A. et al. Apresentações analógicas em coleções didáticas de Biologia, Física e Química para o ensino médio: uma análise comparativa. In: ENCONTRO NACIONAL DE PESQUISA EM EDUCAÇÃO EM CIÊNCIAS, 4., 2003, Bauru. Disponível em: <http://abrapecnet.org.br/enpec/iv-enpec/orais/ORAL037.pdf>. Acesso em: 17 nov. 2020.

TESTONI, L. A. **Um corpo que cai**: as histórias em quadrinhos no ensino de Física. 158 f. Dissertação (Mestrado em Educação) – Universidade de São Paulo, São Paulo, 2004. Disponível em: <https://bit.ly/34MXu5I>. Acesso em: 3 nov. 2020.

THENÓRIO, I. **Como fazer um barco a vapor** (barquinho pop pop). 3 abr. 2012. Disponível em: <https://manualdomundo.uol.com.br/experiencias-e-experimentos/como-fazer-um-barco-a-vapor-barquinho-pop-pop/>. Acesso em: 16 nov. 2020.

TRACKER. Video Analysis and Modeling Tool. Disponível em: <https://physlets.org/tracker/>. Acesso em: 19 nov. 2020.

TRINDADE, D. F. Interdisciplinaridade: um novo olhar sobre as ciências. In: FAZENDA, I. C. A. (Org.). **O que é interdisciplinaridade?** São Paulo: Cortez, 2008. p. 65-83.

VALADARES, E. C. **Física mais que divertida**. 3. ed. Belo Horizonte: Ed. da UFMG, 2013.

VEIT, E. A.; TEODORO, V. D. Modelagem no ensino/aprendizagem de Física e os novos Parâmetros Curriculares Nacionais para o Ensino Médio. **Revista Brasileira de Ensino de Física**, São Paulo, v. 24, n. 2, p. 87-96, jun. 2002. Disponível em: <http://www.scielo.br/pdf/rbef/v24n2/a03v24n2>. Acesso em: 3 nov. 2020.

VYGOTSKY, L. S. **A formação social da mente**: o desenvolvimento dos processos psicológicos superiores. 5. ed. São Paulo: M. Fontes, 1994.

WILL. Que Merlin! #239 Polias e roldanas. **Humor com Ciência**, 7 abr. 2016. Disponível em: <https://www.humorcomciencia.com/blog/239-polias/>. Acesso em: 4 nov. 2020.

WINCK, D. **Biomassa**: uma alternativa na geração de energia elétrica. 86 f. Trabalho de Conclusão de Curso (Graduação em Engenharia Elétrica) – Universidade Federal do Rio Grande do Sul, Porto Alegre, 2012. Disponível em: <https://www.lume.ufrgs.br/bitstream/handle/10183/65430/000858062.pdf?sequence=1&isAllowed=y>. Acesso em: 17 nov. 2020.

ZAMBON, L. B.; TERRAZZAN, E. A. Políticas de material didático no Brasil: organização dos processos de escolha de livros didáticos em escolas públicas de educação básica. **Revista Brasileira de Estudos Pedagógicos**, Brasília, v. 94, n. 237, p. 585-602, maio/ago. 2013. Disponível em: <http://rbepold.inep.gov.br/index.php/rbep/article/view/379/370>. Acesso em: 29 out. 2020.

ZANETIC, J. Física e arte: uma ponte entre duas culturas. **Pro-Posições**, v. 17, n. 1, p. 39-57, jan./abr. 2006. Disponível em: <https://periodicos.sbu.unicamp.br/ojs/index.php/proposic/article/view/8643654/11171>. Acesso em: 5 nov. 2020.

ZANETIC, J. Física e cultura. **Ciência e Cultura**, v. 57, n. 3, p. 21-24, 2005. Disponível em: <http://cienciaecultura.bvs.br/pdf/cic/v57n3/a14v57n3.pdf>. Acesso em: 5 nov. 2020.

Corpos comentados

BORDENAVE, J. D.; PEREIRA, A. M. **Estratégias de ensino-aprendizagem**. 25. ed. Petrópolis: Vozes, 2004.

Esse livro apresenta discussões valiosas sobre os conteúdos de ensino e aprendizagem, as relações entre professor e aluno e, também, as metodologias de ensino. Os autores abordam e exemplificam o planejamento sistêmico, bem como algumas teorias de aprendizagem e estratégias de ensino-aprendizagem. Além disso, Juan Díaz Bordenave e Adair Martins Pereira instruem o professor novato na organização de seu trabalho e na elaboração de planos de ação pedagógica, além de explicar como incentivar os alunos e melhorar a comunicação professor-aluno. Ainda, os autores versam sobre tecnologia, atitude científica, avaliação e estratégias de inovação. Para eles, o professor tradicional é uma pessoa feliz, pois não perde tempo buscando alternativas. Contudo, o professor moderno faz da escolha adequada das atividades seu ponto forte, garantindo uma contribuição verdadeira para as atividades de ensino e, consequentemente, para seus alunos.

TRINDADE, R.; COSME, A. **Escola, educação e aprendizagem**: desafios e respostas pedagógicas. Rio de Janeiro: Wak, 2010.

Nesse livro, os professores Rui Trindade e Ariana Cosme discutem os paradigmas pedagógicos da aprendizagem, da instrução e da comunicação. Ainda, defendem o papel do professor como um interlocutor qualificado, pois a ação docente é sempre uma atividade contextualizada, caso contrário, qualquer pessoa poderia ocupar o lugar de mediador. Os autores apresentam exemplos e roteiros de atividades de pesquisa, resolução de problemas, desenvolvimento de projetos, publicação de trabalhos, discussão em grupo, animação de oficinas, entre outros. Por fim, confrontam perspectivas e propõem percursos em conformidade com o paradigma da comunicação, no qual o professor é visto como um interlocutor qualificado.

FARA, P. **Uma breve história da ciência**. São Paulo: Fundamento, 2014.

A autora é historiadora da ciência e, nessa obra, faz um relato das grandes evoluções da ciência de forma agradável e simples. Os princípios científicos mais complexos são apresentados de maneira clara e interligados com fatos históricos, sociais e políticos. Patricia Fara ainda escreve sobre as origens da civilização, os experimentos polêmicos, a ciência e as instituições, o mundo subatômico, o meio ambiente, a cosmologia, o futuro, entre outros temas interessantes. Porém, não elege heróis, trata os homens e suas descobertas por uma perspectiva real que considera onde, quando e por quem é feita a pesquisa. Trata-se, acima de tudo, de uma obra clara e fluida em sua leitura e na exposição dos fatos e eventos científicos.

HORVATH, J. E. **O ABCD da astronomia e astrofísica**. São Paulo: Livraria da Física, 2008.

Nessa obra, Jorge E. Horvath aborda todas as áreas da astronomia. Trata-se de um ótimo texto de referência sobre esse assunto. O livro contém boas ilustrações e é de fácil leitura. Apresenta a história da astronomia, os estudos sobre a Terra, as discussões acerca dos modelos planetários, o sistema solar, os telescópios, os tipos de estrelas e de galáxias, além de discutir a formação do Universo e a existência de vida em outros planetas. Propõe, ainda, atividades e cálculos em seções específicas dentro de alguns capítulos. Seu conteúdo pode ser utilizado como texto para discussões e trabalhos de pesquisa em sala de aula, bem como para a proposição de projeto interdisciplinar a respeito do tema da astrobiologia.

MOREIRA, M. A. **Teorias de aprendizagem**. 2. ed. ampl. São Paulo: EPU, 2011.

Esse é um livro indispensável como referência para o estudo das teorias de aprendizagem. Marco Antonio Moreira dedica um capítulo para cada teoria e faz uma síntese de seus principais conceitos e de seu desenvolvimento. A linguagem é clara e promove reflexões. As teorias descritas oferecem pressupostos teóricos sobre aprendizagem, muito úteis para organizar o ensino. Moreira inicia a discussão pelas abordagens comportamentalista, cognitivista e humanista, contextualizando sua origem e história. Na sequência, versa sobre Ausubel, Bruner, Freire, Gagné, Gestalt, Gowin, Guthrie, Hebb, Hull, Johnson-Laird, Kelly, Novak, Piaget, Rogers, Skinner, Thorndike, Tolman, Vergnaud, Vygotsky e Watson, apresentando a teoria de aprendizagem de cada um desses estudiosos. Trata-se de um livro essencial para compor uma biblioteca pessoal.

Respostas

Capítulo 1

Testes quânticos

1) c
2) b
3) d
4) e
5) d

Interações teóricas

Questões para reflexão

1) Nessa questão, é necessário refletir sobre como os documentos oficiais estão contemplados em seu PTD, considerando-se os temas que precisam ser abordados, o referencial teórico e as formações pedagógicas realizadas. Com base na leitura sugerida, é possível perceber a influência desses documentos, a não ser que o você chegue à conclusão de que eles não impactam sua prática atual ou futura.
2) O objetivo dessa questão é incitar uma análise a respeito do papel da experimentação e dos textos diversos na prática docente. Afinal, é preciso responder como se pretende usar esses recursos em aula e quais são os conteúdos mais adequados para direcionar a prática pretendida.

Capítulo 2

Testes quânticos

1) e
2) b
3) a
4) a
5) d

Interações teóricas

Questões para reflexão

1) Nessa resposta, é importante destacar a experiência como aluno influenciando a conduta como professor. Por isso, é preciso considerar a bagagem de estudante e refletir sobre como isso pode afetar ou afeta a prática docente.
2) Os conceitos de interdisciplinaridade e contextualização não são triviais. A conduta interdisciplinar implica juntar-se com professores de outras disciplinas para pensar, em grupo, nos encaminhamentos de projetos que abordam certo conteúdo. Quando o trabalho é realizado em em equipe, a contextualização pode acontecer naturalmente. Vale considerar que outras questões também influenciam essa iniciativa, como o tempo, a disponibilidade de materiais, as características dos colegas e o posicionamento da equipe diretora da escola.

Capítulo 3

Testes quânticos

1) b
2) c
3) b
4) e
5) d

Interações teóricas

Questões para reflexão

1) Com base no quadro apresentado na seção "Radiação residual" do Capítulo 2, você conseguirá investigar se as propostas do autor estão voltadas para uma abordagem comportamentalista, humanista ou cognitivista. Busque identificar as características do aluno e do professor na aplicação das atividades. As práticas em Física, atualmente, têm adotado a abordagem cognitivista.

2) Como exemplos de simulações de cinemática e hidrostática, você pode utilizar as seguintes simulações do PhET:

- Movimento, disponível em: <https://phet.colorado.edu/pt/simulation/legacy/moving-man>.
- Movimento em 2D, disponível em: <https://phet.colorado.edu/pt/simulation/legacy/motion-2d>.

- Densidade, disponível em: <https://phet.colorado.edu/pt/simulation/legacy/density>.
- Impulsão, disponível em: <https://phet.colorado.edu/pt/simulation/legacy/buoyancy>.

Capítulo 4

Testes quânticos

1) a
2) e
3) c
4) c
5) b

Capítulo 5

Testes quânticos

1) d
2) c
3) d
4) e
5) c

Interações teóricas

Questões para reflexão

1) Toda vez que se elabora uma sequência didática ou se utiliza uma tecnologia, é preciso testar os passos previamente organizados a fim de conferir se atingem os objetivos previstos. Quando a sequência

é aplicada com o aluno, ela deve estar bem detalhada e a linguagem tem de ser simples e clara.
2) Todas as estratégias de ensino-aprendizagem também servem como estratégias de estudo. Pode-se usar um mapa conceitual para explicar um conteúdo, mas também fazer um esquema para entender um conceito que não está claro. A diferença básica entre mapas e esquemas é a organização do pensamento: alguns são mais detalhados e obedecem a uma ordem específica do conceito (crescente ou decrescente); já outros apontam diretamente e não linearmente os pontos principais de um conteúdo.

Capítulo 6

Testes quânticos

1) e
2) e
3) a
4) d
5) b

Interações teóricas

Questões para reflexão

1) Existem muitas especulações sobre o tema das mudanças climáticas. Elas podem se originar de causas naturais, como alterações na radiação solar e nos movimentos orbitais da Terra, ou podem ser

consequência das atividades humanas. Nesse sentido, o Painel Intergovernamental de Mudanças Climáticas (IPCC) é o órgão das Nações Unidas responsável por produzir informações científicas sobre esse tema. Ele divulga relatórios sobre a ação humana na atmosfera e a relação com as mudanças climáticas. O fato é que qualquer pessoa percebe tais mudanças no comportamento do tempo durante o dia – por exemplo, em um mês específico que deveria apresentar baixas temperaturas, elas estão altas, e vice-versa. Porém, infelizmente, essa temática ainda é tratada como algo distante do cotidiano.

2) As abordagens em ciência e tecnologia – Ciência, Tecnologia e Sociedade (CTS) e Ciência, Tecnologia, Sociedade e Ambiente (CTSA) – levantam discussões sobre questões sociais, ambientais e tecnológicas, no sentido de considerar as consequências socioambientais; promover a redução do consumo de recursos naturais e dos impactos ambientais; questionar o estatuto da ciência e da tecnologia diante dos atuais desafios relacionados ao desenvolvimento e à sustentabilidade.

Sobre a autora

Kelly Carla Perez da Costa
É mestra em Ensino de Ciências pelo curso de Pós-Graduação em Formação Científica, Educacional e Tecnológica da Universidade Tecnológica Federal do Paraná (UTFPR). É especialista em Práticas Educacionais em Ciências e Pluralidade pela mesma instituição, em Educação a Distância com ênfase na Formação de Tutores pela Faculdade São Braz, em Tecnologias em Educação a Distância pela Universidade Cidade de São Paulo e em Práticas Pedagógicas Interdisciplinares pelas Faculdades Integradas Facvest (Unifacvest).
É licenciada em Física e bacharel em Administração pela Universidade Federal de Santa Catarina (UFSC). Tem experiência nas áreas de física (ensino médio), ciências e matemática (ensino fundamental), com ênfase em ensino-aprendizagem, atuando principalmente com os seguintes temas: física e arte; física e tecnologias; Edmodo. Trabalha com consultoria educacional (matriz curricular, roteiros para livro, manuais de atividades e outras funções correlatas). Atualmente, é professora de Física pela Secretaria de Estado da Educação do Paraná.

Os papéis utilizados neste livro, certificados por instituições ambientais competentes, são recicláveis, provenientes de fontes renováveis e, portanto, um meio **respons**ável e natural de informação e conhecimento.

Impressão: Reproset
Fevereiro/2023